SAMMLUNG GÖSCHEN BAND 691

KULTURTECHNISCHE BODENVERBESSERUNGEN

von

Dr. h. c. OTTO FAUSER
Regierungsbaudirektor a. D. in Marbach am Neckar

I

ALLGEMEINES, ENTWÄSSERUNG

Fünfte, verbesserte und vermehrte Auflage

Mit 49 Abbildungen

WALTER DE GRUYTER & CO.
vormals G. J. Göschen'sche Verlagshandlung · J. Guttentag, Verlagsbuchhandlung Georg Reimer · Karl J. Trübner · Veit & Comp.

BERLIN 1959

Die Gesamtdarstellung umfaßt folgende Bände:

Band I: Allgemeines, Entwässerung
(Sammlung Göschen Band 691)

Band II: Bewässerung, Ödlandkultur, Flurbereinigung
(Sammlung Göschen Band 692)

 — Archiv-Nr. 110691. — Druck: Hubert & Co., Göttingen. — Printed in Germany.

Inhalt

Zweites Hauptstück. **Die Entwässerung**

Schrifttum

Bemerkung: Im Text ist durch fett gedruckte Zahlen auf die Nummern dieses Verzeichnisses verwiesen. Jahres- und Seitenzahlen sind, durch Punkte getrennt, in gewöhnlichem Druck beigesetzt.

1. Atterberg, Studien auf dem Gebiete der Bodenkunde. Landwirtschaftliche Versuchsstationen. 1908. **93.**
2. Bauingenieur, Der —. Zeitschrift. Berlin.
3. Blanck, Handbuch der Bodenlehre. Berlin 1929—1932.
4. Blümel, Bodengefügeveränderungen durch Maulwurfdränung. **53.** 1956. 313.
5. Bochalli, Wasserverbandgesetz und Wasserverbandverordnung. Berlin 1938.
6. Bodenkunde und Pflanzenernährung. Zeitschrift. Berlin.
7. Böhmen, Jahresberichte über die Tätigkeit des Technischen Bureaus des Landeskulturrats für das Königreich Böhmen. Prag 1904—1909.
8. Breitenöder, Ebene Grundwasserströmungen mit freier Oberfläche. Berlin 1942.
9. Burger, Physikalische Eigenschaften der Wald- und Freilandböden. Zürich 1922.
10. Busch, Die Kapillarität des Bodens. Wasserwirtschaft—Wassertechnik, Berlin 1956. 150.
11. Deutsche Landeskultur-Zeitung. Berlin.
12. Deutsche Normen DIN 1180, Normen für Dränrohre.
13. — — DIN 1184, Schöpfwerke.
14. — — DIN 1185, Dränanweisung.
15. — — DIN 4047, Fachausdrücke im landwirtschaftlichen Wasserbau.
16. — — DIN 4049, Fachausdrücke der Hydrologie.
17. — — DIN 4220, Bodenbezeichnung und Bodenkartierung.
18. Deutsche Wasserwirtschaft. Zeitschrift. Stuttgart.
19. Ehrenberg, Die Bodenkolloide. Dresden 1918.
20. Erste Internationale Bodenkundliche Kommission, Beschlüsse der — in Rothamsted 1926.
21. Fauser, Verhandlungen der 6. Kommission der Internationalen Bodenkundlichen Gesellschaft in Groningen 1932. Teil A und B.
22. Fauser, Verhandlungen der 6. Kommission der Internationalen Bodenkundlichen Gesellschaft in Zürich 1937. Teil A und B.
23. Fleischer, Bodenkunde. Berlin 1922.
24. Flodkvist, Kulturtechnische Grundwasserforschungen. Stockholm 1931.
25. Flodkvist und Gustafsson, Hydrologische Forschungen I. Sonderabdruck aus den Annalen der Landwirtschaftlichen Hochschule Schwedens 1938.

26. Freckmann, Meliorationsmaßnahmen. 3. Bd. 9. 1—92. Berlin 1931.
27. Friedrich, Kulturtechnischer Wasserbau. Berlin 1923.
28. Gedroiz, Die Lehre vom Absorptionsvermögen der Böden. Sonderausgabe aus den Kolloidchemischen Beiheften. Dresden 1931.
29. Gerhardt, Landwirtschaftlicher Wasserbau. Handbuch der Ingenieurwissenschaften III. Teil, Bd. 7. Leipzig 1924.
30. Haeuser, Die Niederschlagsverhältnisse in Bayern und in den angrenzenden Staaten. München 1930.
31. Heimerle, Kulturtechnische Entwürfe, 1. Heft: Die Röhrendränagen. München 1924.
32. Hellmann, Die Niederschläge in den norddeutschen Stromgebieten. Berlin 1906.
33. Hellmann, Klima-Atlas von Deutschland. Berlin 1921.
34. Hürten, Kurventafeln zur Bestimmung der Leistungsfähigkeit unter Druck liegender Bauwerke in Ent- und Bewässerungsgräben. Berlin 1920.
35. Janert, Untersuchungen über die Benetzungswärme des Bodens. Zeitschrift für Pflanzenernährung, Düngung und Bodenkunde, Teil A, 1931. 281—309.
36. Internationale Bodenkundliche Gesellschaft, Bodenkundliche Forschungen.
37. Internationale Bodenkundliche Gesellschaft, Mitteilungen der —.
38. Kaumann, Rechenschieber für Fluß- und Kanalbau.
39. Kessler, Die Wasseraufnahme der Pflanzen durch die Blätter und ihre Bedeutung für die Feldberegnung. **59.** 111—118.
40. Koehne, Grundwasserkunde. Stuttgart 1928.
41. Kopecky, Die Bodenuntersuchung zum Zwecke der Drainagearbeiten. Prag 1901.
42. Kopecky, Die physikalischen Eigenschaften des Bodens. Internationale Mitteilungen für Bodenkunde 1914. 138.
43. Kopp, Anleitung zur Dränage. Frauenfeld 1907.
44. Krüger, Kulturtechnischer Wasserbau. Berlin 1921.
45. Kulturtechniker, Der —. Zeitschrift. Berlin.
46. Kuratorium für Kulturbauwesen, Schriftenreihe des —.
47. Kuron, Jung, Schreiber, Messungen von oberflächlichem Abfluß und Bodenabtrag auf verschiedenen Böden Deutschlands. **46.** Heft 5. Hamburg 1956.
48. Lemmermann, Methoden für die Untersuchung des Bodens. I. und II. Teil. Berlin 1932 und 1934.
49. Liczewski, Ein neuer Drängraben-Fräser. **18.** 1941. 51.
50. Linckelmann, Das Wasser- und Bodenverbandrecht, Art und Umfang seiner Fortgeltung. **75.** 1954. 2.
51. Mitscherlich, Bodenkunde für Land- und Forstwirte. Berlin 1923.
52. Mitscherlich, Bodenkundliches Praktikum. Berlin 1927.
53. Oesterreichische Wasserwirtschaft, Zeitschrift. Wien.
54. Press, Schewior-Press, Hilfstafeln zur Bearbeitung von wasserbaulichen und wasserwirtschaftlichen Entwürfen und Anlagen. Berlin 1958.

55. Ramann, Bodenkunde. Berlin 1911.
56. Ramsauer, Bodenfeuchtedienst in Österreich. **53.** 1949. 15.
57. Ramsauer, Die Maulwurfdränung. Die Bodenkultur. 1952. 170.
58. Ramsauer und Till, Österreichische Bodenkartierung. Wien 1937.
59. RKTL-Schriften Heft 38, Die Feldberegnung, zweite Folge. Berlin 1933.
60. Rothe, Die Strangentfernung bei Dränungen. Landwirtschaftliche Jahrbücher 1924. 453.
61. Rothe, Meliorationen. Handbuch der Landwirtschaft Bd. 2. 138—208. Berlin 1929.
62. Schirmer und Calaminus, Die Anlage unberohrter Maulwurfdränungen. Merkblatt. 1956.
63. Schmidt, Die Entwicklung von Geräten zum Bau und Räumen von Wasserläufen. **46.** Heft 6. Hamburg 1957.
64. Schoenefeldt und Alten, Der Boden in der Land- und Wasserwirtschaft. **2.** 1935. 443.
65. Schroeder, Landwirtschaftlicher Wasserbau. Berlin 1958.
66. Schucht, Grundzüge der Bodenkunde. Berlin 1930.
67. Spöttle, Landwirtschaftliche Bodenverbesserungen. Handbuch der Ingenieurwissenschaften III. Teil, Bd. 7. 4. Auflage.
68. Stout, Micronutrients in Crop Vigor. Journal of Agricultural and Food Chemistry, USA. 1956. 1000.
69. Strasburger, Noll, Schenk und Schimper, Lehrbuch der Botanik, Jena 1942.
70. Technik in der Landwirtschaft, Die —. Zeitschrift. Berlin.
71. Tönnesmann, Wasserverbandverordnung. Berlin 1941.
72. Verband Deutscher Landeskulturgenossenschaften e.V., Bedeutung und Umfang der Meliorationen in Deutschland. Berlin 1931.
73. Vogler, Grundlehren der Kulturtechnik. Berlin 1908.
74. Wahnschaffe-Schucht, Anleitung zur wissenschaftlichen Bodenuntersuchung. Berlin 1924.
75. Wasser und Boden, Zeitschrift. Hamburg.
76. Weyrauch, Hydraulisches Rechnen. Stuttgart 1930.
77. Wiedemann, Neue Spruchstellen für Wasser- und Bodenverbände. **75.** 1955. 248.
78. Zunker, Das Verhalten des Wassers zum Boden. **3.** Bd. 6. 66—220.
79. Zunker, Ursachen der Bodennässe und Abhilfemaßnahmen. **45.** 1940. 97.

Erstes Hauptstück

Allgemeines

Stück 1. **Wesen und Bedeutung der kulturtechnischen Bodenverbesserungen**

Unter kulturtechnischen Bodenverbesserungen (Meliorationen) verstehen wir alle jene technischen Maßnahmen, die auf eine dauernde Verbesserung und Ertragssteigerung des landwirtschaftlich genützten oder zur landwirtschaftlichen Benützung in Aussicht genommenen Grund und Bodens oder auf die dauernde Erleichterung seiner Bewirtschaftung abzielen. Es fallen daher unter diesen Begriff die Entwässerung und die Bewässerung der Kulturländereien, die Urbarmachung der Ödländereien und die Flurbereinigung, wogegen die Bodenbearbeitung und die Düngung als rein landwirtschaftliche Maßnahmen von nur vorübergehender Wirkung ausscheiden.

Wirtschaftlichkeit ist das erste, was sowohl vom einzel- als auch vom volkswirtschaftlichen Standpunkte aus von den kulturtechnischen Bodenverbesserungen verlangt werden muß. Diese vermögen daher ihren Zweck nur dann vollständig zu erfüllen, wenn sie mit möglichst einfachen Mitteln und mit der größtmöglichen Sparsamkeit entworfen und ausgeführt werden, wobei jedoch selbstverständlich die Sparsamkeit nicht auf Kosten der Güte der Ausführung gehen darf.

Die große Bedeutung, welche die kulturtechnischen Bodenverbesserungen für die Bundesrepublik Deutschland haben, ergibt sich allein schon aus dem großen Umfange der Flächen, die ihrer bedürfen. Von der 14,2 Millionen (Mio) ha umfassenden landwirtschaftlich genützten Fläche des Bundesgebiets bedürfen noch etwa 2,2 Mio ha der Entwässerung, etwa 0,8 Mio ha der Bewässerung und etwa 6,1 Mio ha der Flurbereinigung. Dazu kommen etwa 0,5 Mio ha Moore und Sandheiden, die durch Urbarmachung der landschaftlichen Nutzung zugeführt werden können. Volkswirtschaftlich beruht die Bedeutung der kulturtechnischen Bodenverbesserungen in erster Linie darin, daß durch sie die landwirtschaftlichen Erträge vermehrt und gesichert werden können und daß sie eine Rationalisierung der bäuerlichen Betriebe ermöglichen. Ferner bildet ein Teil der erzielten Mehrerträge einen Ausgleich für den ständig wachsenden Verlust an landwirtschaftlicher Nutzfläche, der durch die Vergrößerung der Wohn- und Industriegebiete und durch die Anlegung von Flug- und Truppenübungsplätzen entsteht. Endlich können auf dem bei der Urbarmachung der Ödländereien neu gewonnenen Kulturland Zehntausende neuer Siedlerstellen geschaffen werden, die bäuerlichen Rückwanderern aus den deutschen Ostgebieten eine neue Lebensgrundlage bieten.

Stück 2. **Der Boden**

Unter Boden versteht man in der Kulturtechnik wie in der Landwirtschaft denjenigen Teil der oberen Verwitterungsschicht der festen Erdrinde, welcher imstande ist, höhere Pflanzen hervorzubringen.

Der Boden läßt sich im allgemeinen trennen in Bodenkrume und Untergrund.

Die Bodenkrume ist die in der Regel lockere und humose, bei guten Böden gekrümelte, oberste Bodenschicht. Sie bildet das Keimbett der Samen und die hauptsächlichste Zone der Wurzelentwicklung. Der Bauer ist daher bestrebt, sie durch entsprechende Bearbeitung und Düngung stets in günstigem Zustand zu erhalten.

Der Untergrund ist meist dichter gelagert und bildet den natürlichen Nährstoff- und Wasserspeicher der

Pflanzen. Auf ihn kann mit den gewöhnlichen Mitteln der Bodenbearbeitung nicht eingewirkt werden. Zu seiner Verbesserung muß man daher kulturtechnische Maßnahmen ergreifen.

A. Die wichtigsten Eigenschaften des Bodens und seiner Bestandteile

Der Grad der Eignung eines Bodens, höhere Pflanzen hervorzubringen, wird in erster Linie durch sein Verhalten zu Wasser und Luft bestimmt. Vom kulturtechnischen Standpunkte aus sind daher diejenigen Eigenschaften des Bodens und seiner Bestandteile am wichtigsten, welche auf dieses Verhalten von Einfluß sind. Sie sollen im folgenden besprochen werden.

1. **Das Gefüge** (die Struktur) des Bodens. Der Boden setzt sich aus einer großen Zahl von Körnern der verschiedensten Größe und Gestalt zusammen. Liegen die Körner einzeln, Korn an Korn, nebeneinander, so befindet sich der Boden in einem Zustand, der mit Einzelkorngefüge bezeichnet wird. Je geringer die Korngröße ist, desto dichter können sich hierbei die einzelnen Bodenkörner zusammenlagern. Da die Bodenkörner außerdem eine mit der Zahl und Größe ihrer Berührungsflächen wachsende Anziehung aufeinander ausüben, so nimmt mit abnehmender Korngröße die Bindigkeit des Bodens, d. h. die Kraft, mit der die Bodenteilchen aneinander haften, rasch zu. Aus diesen Erscheinungen erklärt es sich, daß bei den in Einzelkorngefüge befindlichen Böden die Lagerungsdichte und Bindigkeit in den weitesten Grenzen schwankt. So liegen die Bodenkörner in grobkörnigem Sandboden locker und lose nebeneinander, wogegen sie in sehr feinkörnigem Tonboden mit großer Kraft zusammengehalten werden.

Vereinigen sich die kleinsten Bodenteilchen durch elektrochemische oder mechanische Einwirkungen in kleinerer oder größerer Anzahl zu Gruppen (Krümeln), so geht der Boden in Krümelgefüge über. Die Krümel wirken wie große poröse Bodenkörner, sie lagern lose nebeneinander. Ein in Krümelgefüge befindlicher Boden ist daher stets locker und besitzt infolgedessen einen weit höheren Grad der Durchlässigkeit für Luft und Wasser und damit viel günstigere Bedingungen für die Entwicklung der Pflanzen, als dies beim Einzelkorngefüge der Fall ist.

2. **Der Porengehalt** (das Porenvolumen) des Bodens wird dargestellt durch die Gesamtsumme aller in trockenem Zustand in ihm vorhandenen Hohlräume. Er dient zur Aufnahme von Wasser und Luft, ermöglicht den Wurzeln das Eindringen in den Boden und ist abhängig von der Lagerungsdichte des Bodens und daher in erster Linie bedingt durch Größe und Gestalt seiner Körner, sowie durch sein Gefüge.

3. **Die Haarröhrchenkraft** (Kapillarität) befähigt den Boden, einerseits das von oben eindringende Wasser in seinen Poren zurückzuhalten, andererseits Wasser von unten aufzusaugen. Die Bodenporen bilden nämlich ein zusammenhängendes Netz von Kanälchen sehr verschiedenen Durchmessers, die bei genügender Feinheit der Bodenkörner (unter 2 mm) und bei genügender Lagerungsdichte wie Haarröhrchen wirken. Je kleiner daher die Poren eines Bodens sind, desto größer ist dessen Haarröhrchenkraft, desto höhere Wassersäulen vermag er einerseits am Absinken in die tieferen Bodenschichten zu verhindern und desto höher steigt andererseits das Wasser in ihm auf, desto geringer ist aber auch die Geschwindigkeit, mit der es aufsteigt, und umgekehrt.

Ein kapillarer Aufstieg des Wassers kann in einem Boden nur dann stattfinden, wenn dieser sich entweder in der Nähe des Grundwassers befindet oder wenn etwa die Hälfte aller Hohlräume der tieferen Bodenschichten mit Wasser gefüllt und damit freies, nicht schon durch Kapillarkräfte gebundenes Wasser in ihm vorhanden ist.

Der kapillare Wasseraufstieg im Boden ist nur insoweit von praktischer Bedeutung für den Pflanzenwuchs, als er so schnell vor sich geht, daß die von den

Pflanzen bei Tag verdunsteten Wassermengen bei Nacht wieder ersetzt werden. Den besten kapillaren Wasseraufstieg weisen nach Atterberg Böden auf, welche eine vollkommen gleichmäßige Korngröße von 0,02—0;05 mm besitzen. In ihnen beträgt die kapillare Steighöhe in 24 Stunden 1153 mm, wogegen sie bei 2—5 mm Korngröße nur 22 mm und bei 0,001—0,002 mm Korngröße 55 mm beträgt. Hieraus geht hervor, daß der kapillare Wasseraufstieg weder bei sehr lockeren noch bei sehr dicht gelagerten Bodenarten von praktischer Bedeutung ist. Er dürfte im gewachsenen Boden selbst bei günstigster Kornzusammensetzung (Löß) eine Höhe von 0,7 bis 1,0 m im Tag nicht überschreiten.

4. **Die Durchlässigkeit** des Bodens für Wasser und Luft hängt hauptsächlich von der Zahl und Größe seiner nicht als Haarröhrchen wirkenden Hohlräume und von seinem Feuchtigkeitsgehalt ab. Kommt der Boden mit feuchter Luft oder mit Wasser in Berührung, so lagern sich infolge der Anziehungskraft der festen Bodenteilchen an deren Oberfläche hygroskopische Wasserhüllen an. Je größer nun der Teil des Porenraums ist, der nicht von solchen Wasserhüllen eingenommen wird (spannungsfreies Porenvolumen), desto leichter können sich Wasser und Luft im Boden bewegen und desto rascher wird das Wasser, dem Gesetz der Schwere folgend, in die Tiefe sinken.

Finden sich in einem Boden Schichten verschiedener Lagerungsdichte, so richtet sich die Durchlässigkeit nach der am dichtesten gelagerten Bodenschicht. Daher kommt es, daß schon eine ganz dünne Schicht schweren Tonbodens die Wasserdurchlässigkeit eines im übrigen aus sehr durchlässigen Bodenarten zusammengesetzten Bodens vollständig aufzuheben vermag.

5. **Das Wasserhaltevermögen** (die Wasserkapazität) des Bodens ist der höchste Wassergehalt, den der Boden ohne Verdunstungsverluste durch Porensaugkräfte längere Zeit hindurch festzuhalten vermag. Es wird am besten in Raumhundertsteln des gewachsenen Bodens angegeben.

Das Wasserhaltevermögen wird demnach durch das im Boden nach Abzug des Sickerwassers hygroskopisch und kapillar festgehaltene Wasser dargestellt. Es ist abhängig von der Korngröße und der Lagerungsdichte des Bodens sowie von seinem Gehalt an quellbaren Bestandteilen, an Kalzium und an Natrium. Je geringer die Korngröße, je größer die Lagerungsdichte und damit die Zahl der Haarröhrchen eines Bodens ist und je mehr quellbare Teile er enthält, desto größer ist sein Wasserhaltevermögen und umgekehrt. Ein größerer Gehalt des Bodens an Kalzium verringert, ein größerer Gehalt an Natrium vermehrt sein Wasserhaltevermögen.

Unter dem Wassergehalt eines Bodens (der Bodenfeuchte) versteht man die in ihm zur Zeit der Entnahme der Bodenprobe enthaltene Wassermenge, ausgedrückt in Raumhundertsteln des gewachsenen Bodens. Er ist für die Beurteilung des Wasserhaushaltes des Bodens von großer Bedeutung.

6. **Das Lufthaltevermögen** (die Luftkapazität) eines Bodens stellt diejenige Luftmenge dar, welche der seinem Wasserhaltevermögen entsprechend mit Wasser getränkte Boden enthält. Es wird ebenfalls in Raumhundertsteln des gewachsenen Bodens ausgedrückt.

Das Lufthaltevermögen entspricht dem Teil der im Boden vorhandenen Hohlräume, der nicht mit Wasser oder aufgequollenen Bodenbestandteilen ausgefüllt ist, und läßt sich rechnerisch ausdrücken durch den Unterschied des Porengehaltes und des Wasserhaltevermögens des Bodens. Es ist daher in reinen Sandböden am größten, nimmt mit sinkender Korngröße, zunehmender Zahl der Bodenkapillaren und zunehmendem Gehalt an quellbaren Bestandteilen ab und kann bei reichlichem Vorhandensein der letzteren infolge der vollständigen Anfüllung der Bodenporen mit gequollener Masse bis auf Null herabsinken.

Als Luftgehalt eines Bodens bezeichnet man die zur Zeit der Entnahme der Bodenprobe in ihm enthaltene

Luftmenge, ausgedrückt in Raumhundertsteln des gewachsenen Bodens.

7. **Die Bodenkolloide.** Zu den Bodenkolloiden gehören alle Bestandteile des Bodens, die sich in so fein zerteiltem Zustand in ihm vorfinden, daß sie sich, in Wasser aufgeschwemmt, längere Zeit darin schwebend erhalten. Sie besitzen, sofern ihre Korngröße kleiner als 0,002 mm ist, die Eigentümlichkeit, daß sie sich in Wasser in ständiger Bewegung befinden (Brownsche Molekularbewegung). Sie haben durch Ehrenberg in **19** eine eingehende Beschreibung gefunden.

Ihre wichtigsten Vertreter sind die kolloiden Humusstoffe und die übrigens nur einen geringen Teil des sog. Tones ausmachende kolloidale Tonsubstanz. Daneben sind noch die kolloide Kieselsäure, das kolloide Eisenhydroxyd und die Aufschwemmungen bildenden Sande als wichtige Bodenkolloide zu nennen.

Die in den kolloiden Lösungen, den sog. Solen, schwebenden Kolloidteilchen lagern sich infolge gewisser mechanischer, chemischer und elektrischer Wirkungen zu Gruppen zusammen, sie „flocken aus". Die hierbei entstehenden Flocken setzen sich vermöge ihres größeren Gewichts ab und bilden eine gallertartige Masse, das sog. Gel. Wirkt so die Ausflockung der Bodenkolloide an sich schon krümelbildend, so trägt die verklebende Wirkung, welche die ausgeflockten Kolloide auf die Bodenkörner ausüben, noch weiter wesentlich zur Krümelbildung bei. Eine andere, für die physikalische Beschaffenheit des Bodens sehr wichtige Eigenschaft der Bodenkolloide ist deren Schwellfähigkeit. Sie besitzen nämlich die Fähigkeit, bei Durchfeuchtung unter Vergrößerung des von ihnen eingenommenen Raums Wasser zwischen sich einzulagern. Umgekehrt schrumpfen sie beim Austrocknen zusammen, weil die Dicke der sie umgebenden Wasserhüllen abnimmt. Auf dieses Verhalten der Bodenkolloide ist die bedeutende Ausdehnung der Ton- und der Humusböden bei der Durchnässung sowie deren Schwinden und Rissebildung beim Austrocknen zurückzuführen.

8. **Der Humus.** Weder die Entstehung noch die chemische Natur der Humusstoffe ist bis heute genügend aufgeklärt. Sie werden aus den im Boden vorhandenen abgestorbenen pflanzlichen und tierischen Resten bei Feuchtigkeit durch das Zusammenwirken von Kleinlebewesen, Fadenpilzen, Würmern, Ameisen und Springschwänzen mit chemischen Vorgängen gebildet. Die Menge des im Boden vorhandenen Humus richtet sich daher nach den örtlichen biologischen und klimatischen Verhältnissen. Die Humusstoffe sind nach Ramann Kolloidkomplexe wahrscheinlich sehr verschiedener Zusammensetzung, die aus unveränderten Kolloiden der ursprünglichen organischen Substanz gemischt mit kohlenstoffreichen Zersetzungsprodukten bestehen. Sie üben, mit Mineralboden gemischt, einen großen Einfluß auf dessen physikalische Eigenschaften aus. In Sandböden lagern sie sich in die großen Bodenporen ein, wirken verklebend auf die Bodenkörner, erleichtern dadurch die Krümelbildung und erhöhen das Wasserhaltevermögen. Auch in den Tonböden erleichtern sie die Krümelbildung, nur daß dies hier dadurch erreicht wird, daß das Humussol als sog. Schutzkolloid die Tonteilchen umhüllt und dadurch auf deren Bindigkeit vermindernd einwirkt. Der Humus übt so im allgemeinen einen verbessernden Einfluß auf die mineralischen Böden aus. In den sandigen Heideböden allerdings kann sich seine verklebende Wirkung auch recht unliebsam äußern, indem die Humusverbindungen, welche vom Regen aus der dort die Bodenoberfläche bedeckenden, aus unvollkommen zersetzten Pflanzenresten bestehenden, sauren Rohhumusschicht ausgewaschen werden, die Sande des Untergrundes zu einer oft meilenweit zusammenhängenden, harten, für Pflanzenwurzeln und Wasser undurchdringlichen Schicht, dem sog. Ortstein, verkitten. (Vgl. Teil II Seite 119.) Je mehr ferner die mineralischen Bestandteile zurücktreten und je mehr der Boden in reinen

Humusboden (Moorboden) übergeht, desto nachteiliger macht sich andererseits die große Wasseraufnahmefähigkeit der Humusstoffe fühlbar, desto mehr wird die Bildung freier Humussäuren begünstigt und desto weniger eignet sich der Boden, sich selbst überlassen, zum Hervorbringen von Kulturpflanzen. Dies hindert jedoch nicht, daß der Moorboden bei richtiger Verbesserung in einen sehr ertragreichen Kulturboden umgewandelt werden kann.

Infolge der Eigenart der Humuskolloide, bei starkem Austrocknen ihre Wasseraufnahmefähigkeit zu verlieren, erleiden die Humus- und Moorböden beim Austrocknen eine starke Einbuße ihrer Schwellfähigkeit und lassen, einmal ausgetrocknet, das Wasser nur sehr schwer wieder eindringen. Moorböden nehmen dabei leicht das wegen der daraus entstehenden Moorverwehungen so gefürchtete Pulvergefüge an.

9. **Der kohlensaure Kalk** übt sowohl auf die physikalischen als auch auf die chemischen Eigenschaften des Bodens eine sehr starke Wirkung aus und ist daher einer der wichtigsten Bodenbestandteile. Er wirkt, in Bodenwasser gelöst, ausflockend auf die Bodenkolloide und begünstigt so die Krümelbildung. Er verhindert die Entstehung von freien Humussäuren und von Eisenoxydulverbindungen, welche beide einen giftigen Einfluß auf die Pflanzen ausüben können. Er befördert die Entwicklung der Kleinlebewesen und macht den Boden dadurch tätig. Er wirkt am günstigsten, wenn er in sehr feinkörnigem Zustand gleichmäßig im Boden verteilt ist. In diesem Falle bildet er zudem einen wichtigen Pflanzennährstoff. So günstig der Einfluß des kohlensauren Kalks auf die Tätigkeit des Bodens ist, solange er nicht im Übermaß vorhanden ist, so schädlich wirkt er auf den Boden ein, wenn er dessen Hauptbestandteil (über 80%) bildet, so daß sandige und tonige Bestandteile ganz zurücktreten. In diesem Falle leidet der Boden an übermäßiger Hitzigkeit und sinkt mit zunehmendem Kalkgehalt mehr und mehr zur Unfruchtbarkeit herab.

10. **Das Eisen** kommt im Boden in zwei wichtigen Verbindungen vor: als das für die Pflanzenwurzeln äußerst schädliche Eisenoxydul und als das unschädliche Eisenhydroxyd. Die erstere Form nimmt es in allen unter Nässe leidenden, ungenügend durchlüfteten Böden an. Das Eisenoxydul kann daher durch die Entwässerung wirksam bekämpft werden. Das Eisenhydroxyd übt auf die lehmigen und tonigen Bodenbestandteile einen stark verklebenden Einfluß aus und steigert schon bei Anwesenheit in einer Menge von 1% die Bindigkeit des Bodens beträchtlich. Ist es in größerer Menge im Boden vorhanden, so kann es den Untergrund in eine feste, steinharte Masse, den sog. Raseneisenstein, verwandeln.

B. Die Untersuchung des Bodens

1. **Vorarbeiten.** Sollen die Bodenuntersuchungen als Grundlage für Entwürfe zu kulturtechnischen Bodenverbesserungen dienen, so handelt es sich in erster Linie darum, Lagepläne (Abb. 1) über die zu verbessernden Gebiete und deren nächste Umgebung zu beschaffen. Aus diesen müssen Grenzen und Kulturart der einzelnen Flurstücke, Gemarkungsgrenzen, Gebäude, Gewässer, Straßen, Wege, Eisenbahnen, Brücken, Wehre, Schleusen und sonstige Kunstbauten sowie der Maßstab ersichtlich sein; auch muß in ihnen die Nordrichtung angegeben sein, damit die Sonnenlage der einzelnen Teile des Verbesserungsgebietes beurteilt werden kann. Zur Herstellung der Lagepläne werden zweckmäßig die in den meisten Ländern im Druck vorliegenden Katasterkarten der Landesvermessung benützt. Diese können je nach dem Zweck, dem sie dienen sollen, und dem Maßstab, in dem sie vorliegen, entweder unmittelbar verwendet oder müssen entsprechend vergrößert werden. Als Maßstäbe kommen in Betracht 1 : 5000, 1 : 2500, 1 : 2000, 1 : 1000 und 1 : 500; die letzteren beiden hauptsächlich für Einzelpläne. Die im Druck vorliegenden

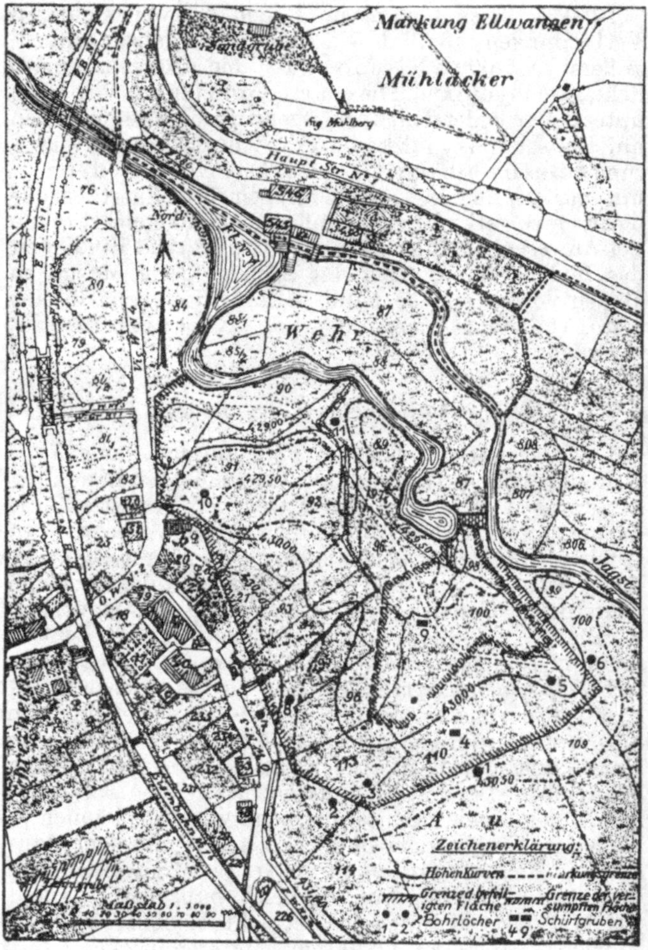
Markung Ellwangen
Mühläcker
Haupt Str. N° 1
Nord
Wehr
Jagst
A u
Zeichenerklärung:
Höhenkurven
Bohrlöcher
Schürfgruben

Abb. 1

Kataster- oder Flurkarten bedürfen jedoch, um für Entwürfe zu kulturtechnischen Bodenverbesserungen brauchbar zu sein, in doppelter Hinsicht der Ergänzung: sie sind erstens mit Grundstücks-, Gebäude-, Gewässer- und Wegnummern zu versehen und zweitens nach den sog. Fortführungskarten dem jeweils neuesten Feldzustand entsprechend zu ergänzen.

Um einen Überblick über die Höhen- und Gefällsverhältnisse des Geländes zu bekommen, sind die Lagepläne mit Linien gleicher Höhenlage, sog. Höhenlinien oder Höhenkurven, zu versehen. Je nach dem Zwecke, dem die Pläne dienen sollen, und je nach der Stärke des Geländegefälles werden die Höhenlinien in senkrechten Abständen von 5 m bis 0,2 m in die Lagepläne eingetragen. Für Flurbereinigungsentwürfe genügen die auf dem Wege der Schnellmessung ermittelten Höhenlinien der Landesaufnahmen. Dagegen sind für die Herstellung der Höhenschichtenpläne für Entwässerungs- und Bewässerungsentwürfe in der Regel besondere Höhenaufnahmen zu machen, und zwar empfiehlt es sich, in Wiesentälern zu diesem Zweck vollständige Talquerschnitte aufzunehmen.

Außer auf die Feststellung der Höhenverhältnisse haben sich die Geländeaufnahmen zu erstrecken: auf die Lage der Höhenfestpunkte, der Bohrlöcher, der Schürfgruben und der Grenzen des Verbesserungsgebiets, ferner bei Entwässerungsentwürfen auf die Grenzen der versumpften Fläche und auf die Furchenrichtung der größeren Ackergrundstücke und bei Einzelentwürfen auf die Lage der in den Verbesserungsflächen etwa vorhandenen Quellen, Gräben, Bäume und Hecken. Sämtliche Geländeaufnahmen sind unter Verwendung geeigneter Zeichen (vgl. Abb. 1 und die Zusammenstellung auf S. 52—54) in die Lagepläne einzutragen.

2. **Die Bodenaufnahme.** Um die Bodenverhältnisse im Untergrund eines zu ent- oder zu bewässernden Gebiets festzustellen, werden Bohrlöcher und Schürfgruben angelegt. Zum Herstellen der Bohrlöcher bedient man

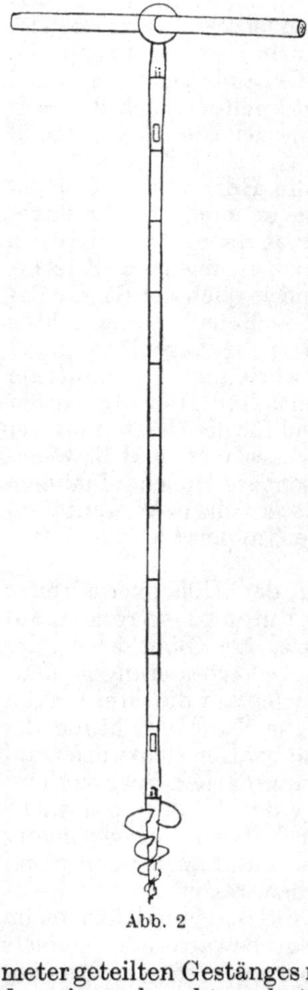
Abb. 2

sich des Schlagbohrers oder des amerikanischen Tellerbohrers.

Der **Schlagbohrer** ist eine unten zugespitzte, mit Zehntelmeterteilung versehene Stahlstange von 20 bis 25 mm Durchmesser und 1,3—1,4 m Länge, die im unteren Teil eine 50 cm hohe Rille von 7—8 mm Tiefe und Breite besitzt und mittels eines hölzernen Schlegels oder durch Eindrücken und Eindrehen in den Boden eingetrieben wird. Die Rille wird durch Drehen mit Boden gefüllt und fördert beim Herausziehen eine dünne Bodensäule zutage, die einen allgemeinen Einblick in die durchstoßenen Schichten vermittelt. Näheres s. **17** Nr. 22.

Der **amerikanische Tellerbohrer** (Abb. 2) ist ein sich nach unten kegelförmig verjüngendes Werkzeug aus Stahl von 15 cm Höhe und 8 cm oberem Durchmesser, an dessen oberem Teil mehrfach unterbrochene, mit Schneiden versehene Schraubenflächen angebracht sind, zwischen denen der Boden gefaßt wird. Der Bohrer wird mittels eines in Zehntelmeter geteilten Gestänges möglichst senkrecht in den Boden eingeschraubt und stets herausgehoben, sobald er wieder weitere 15—20 cm tief eingedrungen ist. Der amerikanische Tellerbohrer hat den Vorzug, daß die mit ihm gewonnenen Bodenproben wegen ihres größeren Umfangs die Beurteilung der Bodenbeschaffenheit erleichtern und sich auch zur Weiterbehandlung in einer Untersuchungsanstalt eignen, wogegen sich mit dem Schlagbohrer rascher arbeiten läßt.

Die Beschaffenheit der erbohrten Bodenproben wird gefühlsmäßig bestimmt und unter Angabe von Feuchtigkeitsgrad, Farbe, Tiefenlage und Stärke der Bodenschichten nach Bohrlöchern getrennt sofort auf dem Felde in ein Verzeichnis eingetragen. In allen Bohrlöchern, die in das Grundwasser reichen, ist auch der Grundwasserspiegel nach Eintritt des Beharrungszustands einzumessen.

Werden für ein Unternehmen Geländequerschnitte aufgenommen, so sind die Bohrlöcher in solche zu legen. Die Ergebnisse der Bodenuntersuchung und die Grundwasserstände können dann in die Querschnitte eingezeichnet und so eine gute, für die Entwurfsbearbeitung sehr wertvolle Übersicht über die Boden- und Grundwasserverhältnisse gewonnen werden. Die Bohrlöcher werden je nach dem Grade der Gleichmäßigkeit der Bodenbeschaffenheit in 20—100 m Entfernung angelegt, ihre Lage festgestellt und sofort in den Feldplan eingetragen. An Hand dieser Eintragungen werden dann, erforderlichenfalls nach Einschaltung weiterer Bohrungen, die Grenzen der verschiedenartigen Bodenflächen in den Feldplan eingezeichnet.

Etwa in der Mitte jeder Fläche von gleichartiger Beschaffenheit werden sodann Schürfgruben angelegt. Diese erhalten im allgemeinen eine Tiefe von 1,3 m und eine Länge von 1,6 m. Ihre Breite soll an der Seite, wo Stufen in die Grube führen, 0,5 m, an der Gegenseite 0,8 m betragen (Abb. 3). Die Wände sind senkrecht abzustechen. Die Lage der Schürfgruben ist genau einzumessen und in den Lageplan einzutragen.

Die Schürfgruben haben den Zweck, einen genaueren Einblick in die Beschaffenheit und die Lagerungsverhältnisse des Untergrunds zu vermitteln, als dies beim bloßen Abbohren möglich ist. In den Gruben ist durch eingehende Besichtigung möglichst genau festzustellen: die Art, Tiefenlage und Mächtigkeit der verschiedenen Bodenschichten, ihr Gefüge, ihr Feuchtigkeitsgrad, ihre Farbe, ihr Gehalt an Humus, Kalk, Eisen und Steinen, die Stellen und Ursachen besonderen Wasserzudrangs, die Tiefe und Stärke der Durchwurzelung und das Vorkommen von Maus- und Maulwurfgängen, von Wurm- und Wurzellöchern, sowie von Rissen und Sprüngen im Boden. Näheres hierüber s. **14.** 10. 1110. Nach Eintritt des Beharrungszustandes ist gegebenenfalls auch in ihnen der Grundwasserstand einzumessen. Auf der Grubensohle ist mit dem Tellerbohrer noch etwa 1 m tiefer zu bohren, um die Beschaffenheit der tieferen Schichten festzustellen.

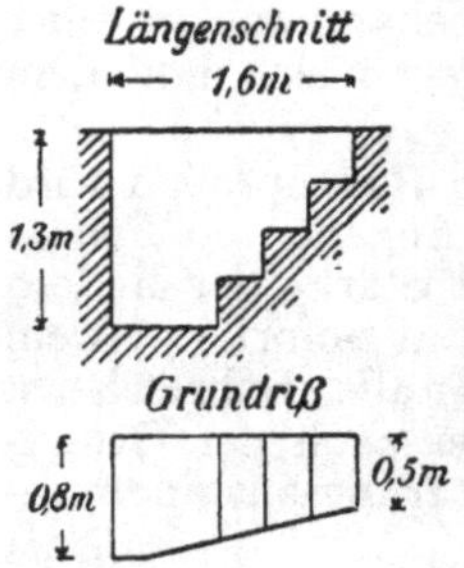

Abb. 3

3. **Die Entnahme der Bodenproben.** Die Zahl der dem Boden zu besonderer Untersuchung zu entnehmenden Proben richtet sich ebenfalls ganz nach der Bodenbeschaffenheit. Ist die Bodenkrume auf der ganzen Fläche gleichartig, so kann die Zahl der aus ihr zu untersuchenden Proben sehr beschränkt werden. Wechselt sie, so ist mindestens für jede gleichgeartete Fläche eine Probe zu untersuchen. Eingehenderer Untersuchung bedarf dagegen der Untergrund, dessen Verbesserung ja eine der Hauptaufgaben der kulturtechnischen Bodenverbesserung ist. Von ihm müssen auch bei anscheinend gleichmäßiger Bodenbeschaffenheit aus jeder Schürfgrube und aus jedem mit dem Tellerbohrer hergestellten Bohrloch Proben aus 0,4—0,6 m und 0,8—1,0 m Tiefe zu näherer Untersuchung entnommen werden. Ist der

Untergrund jedoch verschiedenartig geschichtet, so ist aus der Mitte jeder Schicht eine Probe zu entnehmen. Die einzelnen Proben sind streng getrennt zu halten und jede für sich zu untersuchen. Das Herstellen von Mittelproben durch Mischen der verschiedenen Proben in gleichen Teilen, welche oft zur Verminderung der Zahl der zu untersuchenden Bodenproben vorgeschlagen wird, ist bei mineralischen Böden durchaus unzulässig, da hierbei ein ganz falsches Bild der Bodenverhältnisse entsteht.

Zum Zwecke der Untersuchung des Bodens in Pulverform können die Bodenproben dort, wo das Gelände mit dem Tellerbohrer abgebohrt wird, sofort bei der Bodenaufnahme entnommen werden. Zu beachten ist dabei nur, daß der Bohrer vor jeder einzelnen Entnahme sauber von anhängenden Bodenteilen befreit und ebenso die Bodenprobe selbst von den beim Herausziehen des Bohrers außen an ihr haften bleibenden fremden Bodenteilen gereinigt wird, so daß nur vollkommen reine Bodenproben zur Untersuchung gelangen. Aus diesem Grunde müssen auch die zum Verpacken und Versenden der Bodenproben benützten Beutel vollkommen rein sein. Die Beutel müssen aus Leinen oder wasserdichtem Papier bestehen. Sie sind mit einer Aufschrift oder einem Anhänger zu versehen, aus denen Ort und Tag der Entnahme, Name des Unternehmens, Nummer der Entnahmestelle, Entnahmetiefe und Kulturart zu ersehen sein muß. Ein Zettel mit gleicher Aufschrift ist zu der Probe in den Beutel zu legen. Zum Beschriften dürfen wegen der Gefahr des Auslöschens weder Kopierstifte noch Tinte verwendet werden.

Zur Untersuchung des Bodens in natürlicher Lagerung müssen dem Boden Proben bestimmten Rauminhalts entnommen werden. Sollen nur Porengehalt und Wassergehalt ermittelt werden, so benützt man nach hinten leicht kegelförmig erweiterte Entnahmeringe, die am vorderen Ende von außen her zugeschärft sind, und zwar haben sich für kulturtechnische Zwecke in steinarmen Böden Stahlringe mit einer Stechfläche von 63 mm Durchmesser, einer Höhe von 64 mm, einer Wandstärke von 2 mm und einer allmählichen Erweiterung auf 66 mm (Abb. 4) als vorteilhaft erwiesen. Die Ringe dürfen jedoch nicht in den Boden eingeschlagen werden, sondern sind mittels einer Schraubenwinde in waagrechter Richtung allmählich in ihn einzudrükken. Die Entnahmeringe sind oben an ihrer Außenseite mit einer Führung zur Aufnahme eines 11 mm hohen Aufsatzringes versehen. Dieser hat den Zweck, über dem Entnahmering einen Hohlraum zu schaffen, um ein Zusammendrücken der Probe durch die Windevorrichtung beim Eintreiben sicher zu vermeiden.

Abb. 4

Der Aufsatzring ist mittels seitlich eingeschlagener Stifte an dem Holzaufsatz der Schraubenwinde befestigt. Vor dem Eindrücken wird der Boden mit scharfer Kelle genau senkrecht abgestochen. Nach dem Eindrücken wird die Schraubenwinde langsam zurückgedreht und mit dem Aufsatzring vom Entnahmering abgehoben. Ist das Eindrücken ohne sichtbare Pressung des Bodens gelungen, wovon man sich stets überzeugen muß, so wird der Entnahmering mit Kelle und Messer vorsichtig aus dem Boden gelöst, der an der Stechfläche überstehende Boden mit langem, scharfem Messer genau nach dieser abgeschnitten, die Bodenprobe von der Stechfläche her mit einem hölzernen Kolben vorsichtig aus dem Ring herausgeschoben, ihre Höhe mittels eines Lehrmaßes (Kalibers) auf 0,1 mm genau bestimmt und ihr erdfeuchtes Gewicht sofort an

Ort und Stelle auf 0,1 g genau ermittelt. Sodann wird die Bodenprobe mit der Hand zerkleinert, vorschriftsmäßig verpackt und zur weiteren Untersuchung in die Untersuchungsanstalt verbracht.

Sollen an den Bodenproben auch die Durchlässigkeit und das Wasserhaltevermögen bestimmt werden, so dürfen die Entnahmeringe nicht kegelförmig erweitert sein, auch müssen sie senkrecht von oben in den zuvor waagrecht abgestochenen Boden eingedrückt werden. Beim Eindrücken vollkommen zylindrischer Ringe muß wegen der durch die Reibung der Proben an den Ringwandungen bedingten Gefahr des Zusammenpressens besonders vorsichtig verfahren werden. Die Ringe werden etwas tiefer in den Boden eingedrückt als bis zum oberen Rand. Sodann werden sie vorsichtig aus dem Boden herausgestochen, die überstehenden Enden der Bodensäule genau nach den Endflächen der Ringe abgeschnitten, die Ringe oben und unten mit Deckeln verschlossen und unter peinlicher Vermeidung von Erschütterungen in einen für die Weiterbehandlung geeigneten benachbarten Raum verbracht.

Damit Versuchsfehler erkannt und ausgeschaltet werden können, sind für die Zwecke der Untersuchung des Bodens in natürlicher Lagerung an jeder Stelle mindestens drei Vergleichsproben zu entnehmen. Die Proben sind hierbei in solchen Abständen zu entnehmen, daß gegenseitige Beeinflussung durch seitlichen Druck ausgeschlossen ist. Auch empfiehlt es sich, die Schürfgruben an heißen, sonnigen Tagen vor unmittelbarer Sonnenbestrahlung zu schützen.

4. **Die Untersuchung des Bodens in Pulverform.** Allen hierher gehörigen Untersuchungsverfahren ist gemeinsam, daß bei ihnen nur die sog. Feinerde zur Untersuchung gelangt. Die groben Kies- und Steinbrocken werden schon bei der Entnahme der Bodenproben fortgelassen, nachdem ihr Anteil an der Bodenzusammensetzung durch Schätzung bestimmt ist. Die feldfeuchten Bodenproben werden so bald als möglich mit der Hand

zerbröckelt und in der Untersuchungsanstalt zum Trocknen aufgestellt. Nachdem sie lufttrocken geworden sind, werden sie nochmals eingehend besichtigt und verglichen. Von gleichartigen Proben wird jeweils nur eine weiter untersucht. Zu diesem Zweck wird die Probe vorsichtig zerrieben, wobei ein Zertrümmern der Bodenkörner möglichst zu vermeiden ist. Das gewonnene Bodenpulver wird durch ein Rundlochsieb von 2 mm Lochweite gesiebt und der Siebrückstand, falls er von Belang ist, durch Aufspritzen von Wasser von anhängenden Feinerdeteilchen gereinigt, getrocknet, gewogen und in Hundertstel des Gesamtbodens umgerechnet. Der durchgesiebte Boden bildet die Feinerde, die zur weiteren Untersuchung verwendet wird. Die groben Bestandteile, deren Korngröße über 2 mm beträgt, werden als Bodenskelett bezeichnet.

Die wasserhaltende Kraft des Bodens hängt, wie wir gesehen haben, in erster Linie von seiner Lagerungsdichte, d. i. von der Größe und Gestalt seiner Poren und diese wieder von seiner mechanischen Zusammensetzung, insbesondere von seinem Gehalt an feinen und feinsten Teilchen ab. Die Verfahren der Untersuchung des Bodens in Pulverform befassen sich deshalb teils mit dessen Zerlegung in Korngruppen von bestimmter Größe, teils mit der Bestimmung der Oberfläche der Bodenkörner durch Messung der bei ihrer Benetzung mit Wasser eintretenden physikalischen Erscheinungen.

a) **Die Verfahren der Korngrößenbestimmung des Bodens** sind teils sog. Spülverfahren, bei denen die einzelnen Korngruppen durch die Kraft eines Wasserstroms ausgeschieden werden, der in Glasröhren von verschiedenem Durchmesser mit bestimmten Geschwindigkeiten aufsteigt. Teils sind es sog. Absetz (Sedimentations) verfahren, die auf der verschiedenen Fallgeschwindigkeit der Bodenkörner im ruhenden Wasser aufgebaut sind. Die Verfahren sind demgemäß für humusreiche Böden nicht geeignet.

Beim Spülgerät von Kopecky-Krauß (Abb. 5) wird der Feinboden in vier hintereinander geschalteten Glasröhren von zunehmendem Durchmesser durch einen aufsteigenden Wasserstrom derart in Korngruppen zerlegt, daß die Bodenteilchen kleiner als 0,02 mm (Korn-

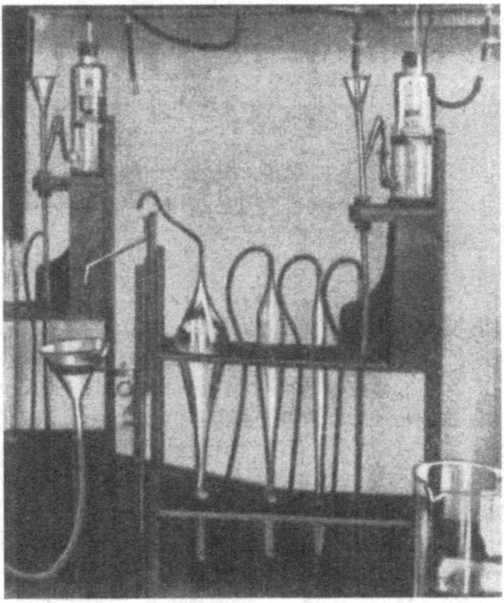

Abb. 5

gruppe I) abgeschwemmt werden, während die Teilchen der Korngrößen 0,02—0,05 mm (Korngruppe II), 0,05 bis 0,1 mm (Korngruppe III), 0,1—0,2 mm (Korngruppe IV) und 0,2—2,0 mm (Korngruppe V) in den einzelnen Röhren zurückbleiben. Für kulturtechnische Zwecke ist die Trennung der Korngruppen III—V ohne Bedeutung; es empfiehlt sich daher, bei der kulturtechnischen Bodenuntersuchung die Arbeit dadurch zu vereinfachen, daß man die beiden engsten Spühlröhren wegläßt und in der zweiten Röhre den ganzen Kornbereich von 0,05 bis 2,0 mm bestimmt.

Bevor mit der Spülarbeit begonnen wird, müssen die zum Teil fest aneinander haftenden Bodenteilchen durch eine entsprechende Vorbehandlung der Bodenproben voneinander losgelöst werden. Dies geschieht für kulturtechnische Zwecke entweder durch das Koch- und Reibverfahren (Näheres **20**. 11.) oder durch das Schüttelverfahren (Näheres **48**. II. 24.). Die Verwendung von Säuren ist wegen der damit verbundenen Gefahr der Veränderung der Bodenbestandteile unbedingt zu vermeiden.

Beim Inbetriebsetzen des Spülgeräts ist darauf zu achten, daß durch vorsichtiges Anfüllen der Spülröhren mit Wasser von unten her zuvor sämtliche Luft aus den Spül- und Verbindungsröhren entfernt wird, damit nicht durch die sonst beim Anlassen des Wassers durch das Gerät hindurchgehenden Luftblasen zu große Bodenteilchen in die nächsten Spülröhren mitgerissen werden. Das Spülen wird so lange fortgesetzt, bis das aus der weitesten Spülröhre abfließende Wasser hell ist. Ist das Spülen beendet, so wird das Wasser nach Absitzenlassen der Spülergebnisse aus den Spülröhren abgehebert. Sodann werden die Spülergebnisse aus den letzteren in Bechergläser ausgespült und aus diesen nach vollständigem Absitzen und nach Abgießen des Wassers in Nickeltiegel eingefüllt. Auch diese Arbeiten sind mit Vorsicht auszuführen, damit keine Verluste und dadurch ungenaue Ergebnisse entstehen. Die Spülergebnisse werden in den Nickeltiegeln im Sandbad getrocknet und nach eintägigem Stehen an der Luft gewogen. Aus dem sich nach Abzug des Tiegelgewichts ergebenden Gewicht der einzelnen Korngruppen wird deren Anteil an der Zusammensetzung der Feinerde in Hundertsteln berechnet. Werden die Hundertsätze der in den Spülröhren zurückgebliebenen Korngruppen zusammengezählt, so bildet der zu 100 fehlende Rest den Hundertsatz der abschlämmbaren Teile mit einer Korngröße unter 0,02 mm.

Bei sehr schweren Böden kann es erwünscht sein, auch den Gehalt an Rohton, d. h. an Körnern kleiner als 0,002 mm, zu bestimmen. Die für diese Körner maßgebende Geschwindigkeit von nur 0,0035 mm in der Sekunde ist für den Spülbetrieb zu klein. Man muß daher für die Bestimmung dieser Korngröße zu einem Absetzverfahren greifen. Als solche kommen für kulturtechnische Zwecke die Verfahren von Krauß und von Zunker in Betracht.

Krauß bestimmt unmittelbar die wahren Anteile der einzelnen Korngruppen an der Bodenzusammensetzung. Er bedient sich dazu eines sehr dünnen, am unteren Ende mit waagrechten Einzugsöffnungen versehenen Saugröhrchens, mit dem er eine nur wenige Millimeter hohe Schicht der Bodenaufschwemmung (etwa 10 ccm) in einer Tiefe, die der Fallzeit der betreffenden Korngruppe entspricht, aus dem Absetzglas entnimmt. Die Dichte der Schicht wird durch Wägen der in ihr enthaltenen Trockenbestandteile ermittelt. Abb. 6 zeigt die von Krauß zum Zwecke bequemer und sicherer Massenuntersuchungen gebaute Einrichtung. Wegen der Vorbehandlung der Bodenproben für dieses Verfahren s. **45**. 1928. 102.

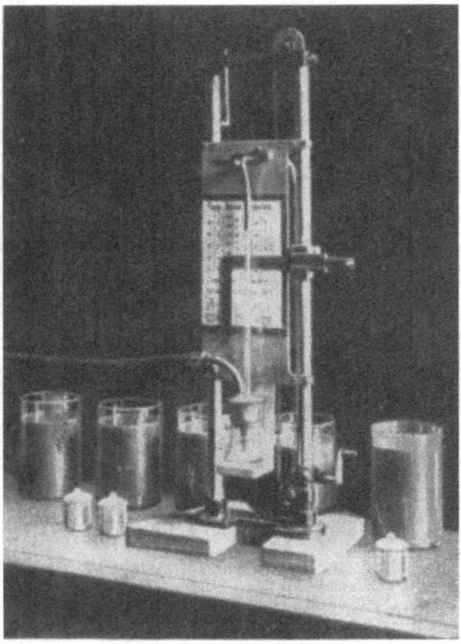

Abb. 6

Zunker hat an der Fallröhre seines Absetzgeräts am

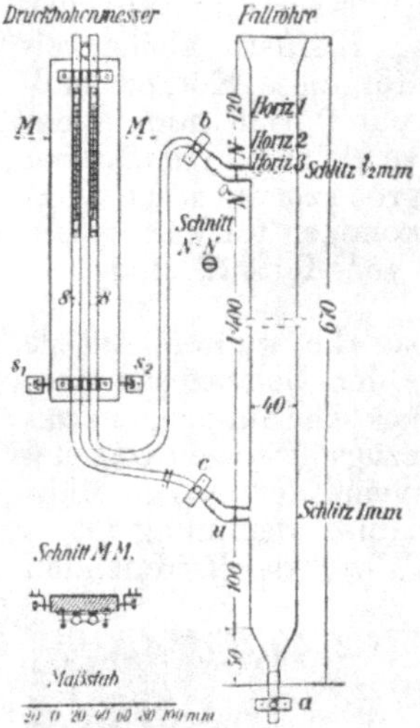

Abb. 7

oberen und unteren Ende der 400 mm langen Fallstrecke Druckmesser angebracht (Abb. 7), deren Druckhöhenunterschied mit der Dichte der Bodenaufschwemmung abnimmt und daher einen Maßstab für das allmähliche Verschwinden der größeren Bodenteile aus der Fallstrecke abgibt. Die beiden Druckmesser werden in bestimmter Zeitfolge abgelesen und aus den sich hierbei ergebenden Druckhöhenunterschieden und der Zeit auf teilweise zeichnerischem Wege (s. **45**. 1928. 115—116) über die Fallinie die Gewichtsmenge der Korngruppe kleiner als 0,002 mm in Hundertsteln des Gesamtgewichts der Bodenprobe berechnet. Das zugehörige Vorbehandlungsverfahren ist in **48**. II. 26 beschrieben.

b) **Die Verfahren der Kornoberflächenbestimmung des Bodens.** Zur Bestimmung der Bodenkornoberfläche, d.i. der Summe der Oberflächen der Teilchen des trockenen Bodens werden zwei Verfahren angewandt. Keines dieser Verfahren ergibt die Bodenkornoberfläche selbst, sondern man erhält ihr verhältnisgleiche Größen, nämlich beim einen Verfahren die Hygroskopizität und beim andern die Benetzungswärme.

Unter der Hygroskopizität (dem Wasseranlagerungswert) versteht Mitscherlich diejenige Wassermenge, welche zum Benetzen der Bodenkornoberfläche erforderlich ist. Sie wird durch die Gewichtszunahme gemessen, die der Boden im luftleeren Raum über zehnprozentiger Schwefelsäure (Abb. 8) gegenüber dem

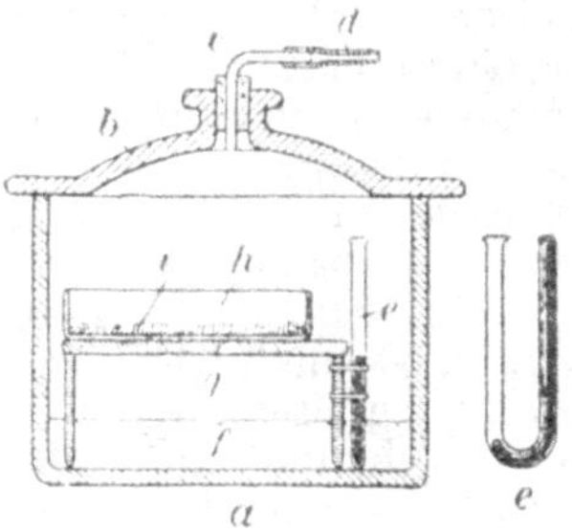

Abb. 8

Trockengewicht erfährt, und in Hundertsteln des Trockengewichts ausgedrückt. Näheres s. **52**. 33—35.

Unter der Benetzungswärme ist diejenige Wärmemenge zu verstehen, welche frei wird, wenn getrockneter Boden mit einer Flüssigkeit benetzt wird. Sie wird mit einer für kulturtechnische Zwecke hinreichenden Genauigkeit als Wasserbenetzungswärme in einem von Janert gebauten Mischkalorimeter (Abb. 9) bestimmt und in Kalorien für je 1 g Boden berechnet. Näheres s. **35**.

Der Deutsche Ausschuß für Kulturbauwesen hat die beschriebenen Bodenuntersuchungsverfahren eingehend geprüft und ist dabei zu dem Ergebnis gekommen, daß alle für die kulturtechnische Bodenuntersuchung als gleich brauchbar zu bezeichnen sind. Er hat jedoch empfohlen, bei mittleren und schweren Böden nach Möglichkeit je ein Verfahren aus der Gruppe der Korngrößenbestimmungen und eines aus der Gruppe der Kornoberflächenbestimmungen im Vergleichsversuch anzuwenden.

5. **Die Untersuchung des Bodens in natürlicher Lagerung** bezweckt die unmittelbare Ermittelung seiner physikalischen Eigenschaften. Sie allein gibt sicheren Aufschluß über Durchlässigkeit, Wasserhaltevermögen, Lagerungsdichte und Lufthaltevermögen des Bodens. Die Untersuchung dieser Eigenschaften an Böden in Pulverform ist für kulturtech-

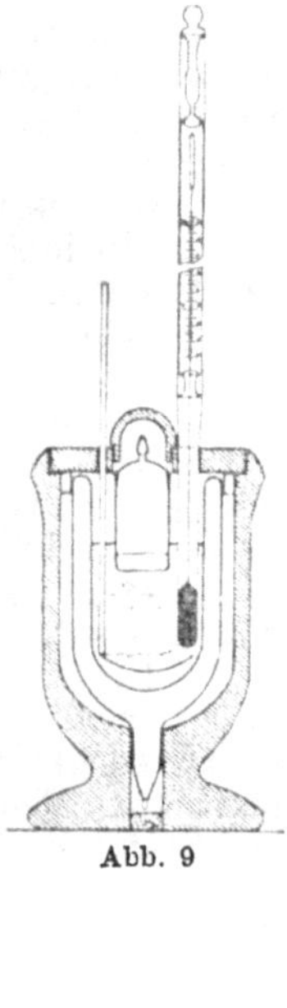

Abb. 9

nische Zwecke wertlos, da hierbei die natürliche Lagerung des Bodens, welche ja gerade für sein Verhalten zu Wasser und Luft und damit für seine Verbesserungsbedürftigkeit ausschlaggebend ist, keine Berücksichtigung findet.

Die Untersuchung des Bodens in natürlicher Lagerung ist, da sie sich auf Feldversuchen aufbaut, allerdings ziemlich zeitraubend und umständlich. Sie kann deshalb für die kulturtechnische Bodenverbesserung nicht allgemein benützt werden. Ihre Anwendung beschränkt sich vielmehr auf wissenschaftliche Versuche und auf solche Fälle der kulturtechnischen Entwurfsbearbeitung, in denen die Untersuchung des Bodens in Pulverform allein zur Beurteilung des Grads der Verbesserungsbedürftigkeit eines Bodens nicht genügt.

a) **Die Bestimmung der Durchlässigkeit.** Die Durchlässigkeit des gewachsenen Bodens ist schwer zu erfassen, nicht allein wegen der in der Natur vorhandenen Zufälligkeiten, wie Gänge von Wurzeln und Würmern, sondern insbesondere auch deshalb, weil ein und derselbe Boden in verschiedenem Feuchtigkeitszustand eine ganz ungleiche Durchlässigkeit haben kann.

Am leichtesten läßt sich die Durchlässigkeit bei solchen Bodenschichten ermitteln, die im Grundwasser liegen. In ihnen werden nach dem Vorschlag von Diserens Bohrlöcher bis zu der Tiefe unter den Grundwasserspiegel niedergebracht, bis zu der man die Durchlässigkeit bestimmen will. Dann wartet man ab, bis der Grundwasserspiegel seinen Beharrungszustand erreicht hat, schöpft hierauf die Bohrlöcher aus, beobachtet fortlaufend den Wiederaufstieg des Wassers unter gleichzeitigem Aufschrieb der Zeiten und trägt das Ergebnis zur Ermittelung der Durchlässigkeitszahl zeichnerisch auf. Näheres s. **21**. Teil B. 188—193.

Für Bodenschichten, die nicht im Grundwasser liegen, gibt es noch kein allgemein anerkanntes Verfahren der Durchlässigkeitsbestimmung. Die einen suchen die Durchlässigkeit solcher Schichten dadurch zu ermitten, daß sie Stahlröhren oder rechteckige Blechkästen bis zu einer gewissen Tiefe in die zu untersuchende Schicht eintreiben und beobachten, wie lange eine bestimmte Wassermenge zum Einsickern braucht. Andere messen die Wassermenge, die in einer bestimmten Zeit durch eine in natürlicher Lagerung entnommene Bodensäule von bestimmtem Querschnitt und bestimmter Höhe durchsickert. Um vergleichbare Werte zu erzielen, ist die Vereinbarung eines bestimmten Verfahrens unerläßliches Bedürfnis. Zu bemerken ist jedoch, daß bei manchen Böden eine große Zahl von Versuchen auf engem Raum erforderlich ist, um einen befriedigenden Mittelwert zu bekommen.

b) **Die Bestimmung des Wasserhaltevermögens und des Wassergehalts.** Um den Boden in den seinem Wasserhaltevermögen entsprechenden Zustand zu versetzen, stellt man in der Regel die nach den Vorschriften auf S. 25 entnommene Bodenprobe nach Abnahme der Deckel 24 Stunden lang im Entnahmering aufrecht so in einem Trog ins Wasser, daß sie etwa 1 cm hoch mit Wasser bedeckt ist, und läßt sie sodann 2 Stunden lang ins Freie abtropfen. Hierauf werden etwa durch Schwellung entstandene Verlängerungen der Bodensäule mit scharfem Messer abgeschnitten, die Deckel wieder aufgesetzt und das Gewicht des Entnahmerings samt Deckeln und Probe auf 0,1 g genau ermittelt. Zieht man hiervon das Gewicht von Ring und Deckeln ab, so erhält man das Gewicht G_w einer Probe, deren Menge dem Ringinhalt V ccm entspricht und die nach ihrem Wasserhaltevermögen mit Wasser getränkt ist. Nun wird die Probe in die Untersuchungsanstalt gebracht, aus dem Entnahmering entfernt, zerbröckelt, bei 105° C getrocknet, in einem Trocknungsgefäß (Exsikkator) abgekühlt und ihr Trockengewicht G_t bestimmt. Der Unterschied beider Gewichte $G_w—G_t$ ergibt die Wassermenge, die in V ccm des seinem Wasserhaltevermögen entsprechend mit Wasser getränkten Bodens enthalten ist. Diese läßt sich nach der Formel

$$(1) \qquad w_a = \frac{(G_w - G_t) \cdot 100}{V}$$

in das in Raumhundertsteln ausgedrückte Wasserhaltevermögen w_a der untersuchten Bodenprobe umrechnen. Über die Bestimmung des Wasserhaltevermögens nach dem Absaugverfahren von Zunker siehe **6.** 1943. 342.

Der in Raumhundertsteln ausgedrückte Wassergehalt f_b des Bodens (die Bodenfeuchte) ergibt sich aus der Formel

$$f_b = \frac{(G_f - G_t) \cdot 100}{V}, \tag{2}$$

worin G_f das auf dem Felde ermittelte Gewicht der erdfeuchten Probe ist und G_t und V die gleiche Bedeutung haben wie in Formel (1). Falls die Probe mit einem kegelförmig erweiterten Ringe entnommen wurde, wird der Rauminhalt V der Probe dadurch bestimmt, daß man den Stechflächeninhalt des Entnahmerings mit der auf dem Felde ermittelten Höhe der Probe vervielfältigt.

c) **Die Bestimmung des Porengehalts** des Bodens setzt die seines Trockenraumgewichts und seiner Reinwichte voraus.

Zur Bestimmung des Trockenraumgewichts r_t braucht man nur das Trockengewicht G_t der Bodenprobe durch ihren Rauminhalt zu teilen. Für das Trockenraumgewicht besteht daher die Beziehung

$$r_t = G_t : V. \tag{3}$$

Die Reinwichte (das Artgewicht, das spezifische Gewicht) des Bodens, d. h. diejenige Zahl, welche angibt, wievielmal die Bodenmasse an sich, ohne Berücksichtigung der Poren, schwerer ist als eine gleiche Raummenge Wasser, wird bestimmt, indem man nach dem in **9.** 32 u. 68 näher beschriebenen Verfahren im Dichtemesser (Pyknometer) die Wassermenge V_0 ermittelt, die von der Gesamtprobe verdrängt wird. Die Reinwichte ergibt sich daher aus der Formel

$$s = G_t : V_0. \tag{4}$$

Sind Trockenraumgewicht und Reinwichte bekannt, so berechnet sich der Porengehalt p des untersuchten Bodens aus der Gleichung

$$p = \frac{s - r_t}{s} \cdot 100. \tag{5}$$

d) **Die Bestimmung des Lufthaltevermögens und des Luftgehalts.** Das Lufthaltevermögen l_a und der Luftgehalt l_v des Bodens lassen sich nach S. 13 rechnerisch ausdrücken durch den Unterschied zwischen dem Porengehalt p und dem Wasserhaltevermögen w_a oder dem Wassergehalt f_b des Bodens. Sie berechnen sich daher einfach aus den Beziehungen

$$l_a = p - w_a \quad \text{und} \tag{6}$$

$$l_v = p - f_b. \tag{7}$$

6. **Die Bestimmung des Kalks.** Um festzustellen, ob in einer Bodenprobe kohlensaurer Kalk enthalten ist, genügt es, die Probe mit verdünnter Salzsäure zu befeuchten. Ist solcher vorhanden, so ist dies an dem Aufbrausen zu erkennen, welches durch das Entweichen der frei werdenden Kohlensäure verursacht wird. Aus der Art und dem Grade des Aufbrausens lassen sich Schlüsse auf die Verteilung und die Menge des in dem untersuchten Boden vorhandenen kohlensauren Kalks ziehen. Gleichmäßiges Aufbrausen durch die ganze Probe zeigt gleichmäßige Verteilung, örtliches Aufbrausen sein Vorkommen in einzelnen Stückchen an. Anhaltendes Aufbrausen läßt darauf schließen, daß der Kalkgehalt mehr als 5% beträgt, und ist ein Zeichen dafür, daß seine genauere Bestimmung vom kulturtechnischen Standpunkte geboten ist. Dies geschieht am einfachsten dadurch, daß aus einer

dem Gewichte nach bekannten Menge einer lufttrockenen, fein zerriebenen Bodenprobe mittels einer ebenfalls dem Gewichte nach bekannten Menge verdünnter Salzsäure die Kohlensäure des in der Probe vorhandenen kohlensauren Kalks ausgetrieben, die hierdurch bedingte Gewichtsabnahme der Bodenprobe in Hundertsteln bestimmt und mit der Zahl 2,273 vervielfältigt wird.

7. **Die Bestimmung des Humus.** Der Humusgehalt des Bodens läßt sich im allgemeinen mit für kulturtechnische Zwecke hinreichender Genauigkeit nach der Stärke seiner Färbung ins Graue und Schwarze beurteilen. So zeigt z. B. Sandboden in feuchtem Zustand bei

0,2—0,5% humoser Beimischung eine deutlich graue,

2—4% humoser Beimischung eine tiefgraue,

5—10% humoser Beimischung eine schwarze Färbung.

Für Lehm- und noch mehr für Tonböden sind verhältnismäßig größere Humusmengen erforderlich, damit eine dunkle oder schwarze Färbung eintritt.

Zur genauen Bestimmung des Humusgehalts des Bodens werden verschiedene Verfahren angewandt. Ihre Besprechung würde jedoch hier zu weit führen, es sei deshalb auf **74**. 66—78 verwiesen.

8. **Die Bestimmung des Eisens.** Auf die genaue Bestimmung des Eisengehalts des Bodens kann man für kulturtechnische Zwecke in den allermeisten Fällen verzichten. Bezüglich ihrer Ausführung möge deshalb hier auf **74**. 83 und 118 verwiesen werden. Im allgemeinen genügen äußere Merkmale, um Schlüsse auf das Vorhandensein von Eisen im Boden ziehen zu können. So weist die braune und rote Färbung von Lehm- und Tonböden auf das Vorhandensein von 5—10% Eisenverbindungen hin, während bei Sandböden schon ein Eisengehalt von 1% zu lebhafter Rotfärbung und ein solcher von 1—2% zu tiefer Braunfärbung genügt. Grüne Fär-

bung des Bodens wird durch Eisenoxydulverbindungen hervorgerufen. Ein weiteres Merkmal für das Vorhandensein bedeutender Eisenmengen im Boden besteht darin, daß das aus solchen Böden stammende Wasser an der Oberfläche mit einem metallglänzenden Häutchen überzogen ist und bei längerer Berührung mit der Luft einen flockigen, rostfarbenen Schlamm (Eisenocker) absetzt.

9. **Die große volkswirtschaftliche Bedeutung der kulturtechnischen Bodenuntersuchung** erhellt am besten aus dem Beispiel der Ackerdränung. Hier bedingt bei den häufigst gebrauchten Dränabständen (8—16 m) jede Änderung um nur 1 m eine Vermehrung oder Verminderung der Baukosten um durchschnittlich 10%. Wenn man in Betracht zieht, daß in der Bundesrepublik Deutschland noch etwa 1,1 Mio ha Ackerland mit einem Aufwand von etwa 2,2 Milliarden DM zu dränen sind, so ergibt sich, daß allein an Baukosten Hunderte von Mio DM auf dem Spiele stehen. Dazu kommt alljährlich ein Ertragsausfall bei zu großem Dränabstand oder ein Zinsverlust aus unnötig verbautem Geld bei zu geringem Dränabstand. Demgegenüber spielen die Kosten der Bodenuntersuchung nur eine ganz untergeordnete Rolle. So läßt sich z. B. erfahrungsgemäß im Massenbetrieb sowohl die Korngrößenbestimmung als auch die Kornoberflächenbestimmung um 5 DM je Bodenprobe ausführen; auch überschreiten die Untersuchungskosten selbst bei Untersuchung der Proben nach beiden Verfahren selten 0,5% der Baukosten. Es kann daher zur Wahrung der Belange unserer Land- und Volkswirtschaft nicht dringend genug empfohlen werden, mit dem veralteten Brauch der Begutachtung der Böden für kulturtechnische Zwecke nach dem Augenschein überall vollends ganz zu brechen und die Entwürfe der kulturtechnischen Bodenverbesserungen in Zukunft nur noch auf der sicheren Grundlage der Bodenuntersuchung aufzubauen.

C. Die Benennung des Bodens

Für die verschiedenen Bodenarten wird mit Zunker folgende Einteilung vorgeschlagen:

Bodenarten	Korngröße unter 0,02 mm Gew. %	Korngröße unter 0,002 mm nach Krauß Gew. %	Korngröße unter 0,002 mm nach Zunker Gew. %	Hygroskopizität %	Benetzungswärme kal/g
Schwerer Ton....	100—75	100—56	100—36	20 —13,4	10 —6,7
Gewöhnlicher Ton	75—60	56—41	36—25	13,4—10,8	6,7—5,4
Toniger Lehm ...	60—50	41—33	25—20	10,8— 9,0	5,4—4,5
Gewöhnl. Lehm ..	50—40	33—26	20—15	9,0— 7,2	4,5—3,6
Sandiger Lehm ..	40—25	26—16	15— 9	7,2— 4,5	3,6—2,3
Lehmiger Sand ..	25—10	16— 7	9— 4	4,5— 1,8	2,3—0,9
Sand	unter 10	unter 7	unter 4	unter 1,8	unter 0,9

Der Kalkgehalt des Bodens wird in der Benennung dadurch zum Ausdruck gebracht, daß Böden mit einem Kalkgehalt von weniger als 2% als kalkarm, 2—10% als mergelig, 10—50% als Mergel, mehr als 50% als Kalkböden bezeichnet werden.

Nach dem Humusgehalt werden die Böden wie folgt eingeteilt:

	Schwere Böden	Sandböden
humusarm	unter 2%	unter 1%
humushaltig	2—5%	1—2%
humos	5—10%	2—4%
humusreich	10—15%	4—8%
humusüberreich	15—20%	8—12%
Humusboden	über 20%	über 12%

Die Moorböden bestehen im wesentlichen nur aus den Resten abgestorbener Pflanzen; ihre mineralischen Bestandteile treten weit hinter den pflanzlichen zurück. Anmoorige Böden sind Moorböden mit mehr als 40% Asche in der Trockenmasse.

D. Bodenkarten

Während es bei kleineren Unternehmen genügt, das Ergebnis der Bodenuntersuchungen in Verzeichnissen übersichtlich zusammenzustellen, sollten als Grundlage für größere Entwürfe besondere kulturtechnische Bodenkarten angefertigt werden. Zu diesem Zwecke werden die Feldaufnahmen an Hand des Ergebnisses der in der Untersuchungsanstalt vorgenommenen Untersuchung der einzelnen Bodenproben nachgeprüft und die erforderlichenfalls berichtigten Grenzen der verschiedenen Flächen von gleichartiger Bodenbeschaffenheit auf einen Lageplan vom Maßstab des Entwurfsplans übertragen. Die einzelnen Flächen sind durch Farben voneinander zu unterscheiden und in der Mitte mit großen lateinischen Buchstaben zu bezeichnen. Als Farben werden z. B. gewählt: für Sand gelb, für Lehm braun, für Ton violett (Näheres s. **17** und **58**). Ferner sind die Bohrlöcher und die Schürfgruben ihrer Lage nach in die Bodenkarten einzutragen und mit arabischen Zahlen fortlaufend zu benummern. Flächen mit Triebsand, Ortstein, beträchtlichem Eisen- oder Kalkgehalt, pflanzen- oder zementschädlichen Bodenarten und mit Schichten, die sich zur Verbesserung der Krume oder als Baustoffe eignen, sind besonders abzugrenzen. Auch sind Quellen sowie die Austritte von Druck- und Schichtenwasser und, soweit ermittelt, die Grundwasserhöhenlinien, d. s. Linien gleicher Höhenlage des Grundwasserstands, in die Bodenkarten einzuzeichnen.

Auf den Rändern der Bodenkarten ist die Schichtenfolge der einzelnen Schürfgruben in Bodenschnitten darzustellen. Aus diesen müssen die Bodenarten, die Tiefe der Schichtengrenzen und der Stand des Grundwassers ersichtlich sein. Den Namen der Bodenarten sind Angaben über ihre Korngrößen und ihre Kornoberfläche beizusetzen. Wasserführende Schichten, Triebsand, Ortstein und die übrigen oben erwähnten Besonderheiten des Untergrunds sind ersichtlich zu machen. Ferner sind Angaben über Lagerungsdichte, Bodenrisse und Durchwurzelung beizufügen. Die zu einer Bodenfläche zusammengefaßten Bodenschnitte sind nebeneinander aufzutragen und mit dem Buchstaben der Bodenfläche, zu der sie gehören, zu bezeichnen. Ferner sind die Nummern der Schürfgruben, auf die sie sich beziehen, anzugeben. Die Nummern gleichartiger Bohrlöcher sind in Klammern beizusetzen. Bei Bodenkarten für Dränungen sind außerdem die aus den Bodenuntersuchungen sich ergebenden Tiefen und Abstände der Dränstränge anzugeben.

Stück 3. **Das Wasser**

Das Wasser wird der Erdoberfläche durch die atmosphärischen Niederschläge in Form von Regen, Schnee, Hagel, Graupeln, Tau und Reif zugeführt. Die Niederschlagsmengen sind je nach dem Klima, der Höhenlage, der Gestaltung der Erdoberfläche in der Umgebung des Beobachtungsorts und dessen Lage zur Richtung der regenbringenden Winde sehr verschieden. Sie schwanken im Gebiete der Bundesrepublik Deutschland zwischen 430 mm (Grünstadt in der Pfalz und Monsheim in Hessen) und 2575 mm (Ackeralpe im Einzugsgebiet der Prien in den Bayerischen Alpen) durchschnittlicher Regenhöhe im Jahr. Die höchsten Jahresniederschläge finden sich in den Gebirgen, die geringsten in Rheinhessen und dem unteren Main- und Nahetal.

Von dem der Erdoberfläche durch die atmosphärischen Niederschläge zugeführten Wasser fließt ein Teil oberirdisch ab, ein Teil verdunstet und ein Teil versickert.

Ein oberirdischer Abfluß des Wassers findet in der Regel nur bei besonders starken Niederschlägen sowie bei der Schneeschmelze statt. Er tritt um so leichter ein, je schwerer durchlassend der Boden und je stärker die Neigung seiner Oberfläche ist. Da der oberirdische Wasserabfluß vielfach mit erheblicher Geschwindigkeit vonstatten geht, so bildet er nicht nur die Ursache für den Abtrag des Bodens (die Bodenerosion), sondern auch für das Auftreten von Hochwassern in den Vorflutern.

Die Verdunstung ist in erster Linie von der Wärme, dem Feuchtigkeitsgehalt, der Bewegung und dem Druck der Luft, sowie von der Beschaffenheit der verdunstenden

Oberfläche abhängig. Alle Umstände, die zur Vergrößerung der letzteren beitragen, erhöhen die Verdunstung, so die Unebenheit und Rauhigkeit der Bodenoberfläche und vor allem eine lebende Pflanzendecke. Sie wächst mit dem Blattreichtum und der Höhe der Pflanzen und ist bei breit- und dünnblätterigen Pflanzen mit zahlreichen Spaltöffnungen (vgl. S. 46) größer als bei dick- und hartblätterigen. Ebenso sind die für die Erwärmung des Bodens maßgebenden Verhältnisse, nämlich seine Farbe, seine Lage zur Himmels- und zur herrschenden Windrichtung und die Neigung seiner Oberfläche von Einfluß auf die Wasserverdunstung. Ferner wird die Verdunstung durch diejenigen physikalischen Eigenschaften des Bodens gefördert, welche die Versickerungsgeschwindigkeit verringern und den kapillaren Aufstieg des Wassers begünstigen. Endlich wird sie durch die Tiefenlage des Grundwasserspiegels, sowie durch die Häufigkeit und Stärke der Niederschläge beeinflußt. Die mittlere tägliche Verdunstung einer geschlossenen Pflanzendecke während der Wachstumszeit beträgt bei Wiesen 5,2 mm, Hafer 3,5 mm, Weizen 2,7 mm, Roggen 2,3 mm, Kartoffeln 1,1 mm.

Die Versickerung ist um so größer, je kleiner die Verdunstung, je durchlassender der Boden und je geringer die Neigung seiner Oberfläche ist. Das in den Boden einsickernde Wasser ist nicht chemisch rein, sondern führt eine Reihe von Bestandteilen mit sich, die es teils beim Niederfallen in der Luft, teils beim Eindringen in den Boden aufnimmt. Von diesen befähigt vor allem die Kohlensäure das Wasser, das ja schon rein ein ausgezeichnetes Lösungsmittel ist, noch in erhöhtem Maße, die im Boden gebundenen Pflanzennährstoffe zur Lösung zu bringen. Das in den Boden einsickernde Wasser wird so zu einer Nährstofflösung und damit zu einem Beförderungsmittel auch für diejenigen Pflanzennährstoffe, welche den Wurzeln nicht unmittelbar zugänglich sind. Eine weitere sehr wichtige Tätigkeit des in den Boden einsickernden Wassers besteht darin, daß es beim

Einsickern Luft nachsaugt und so den Boden mit frischem Luftsauerstoff versorgt.

Bei seinem Eintritt in den Boden füllt das Wasser, soweit es nicht in Spalten, Wurm- und Wurzellöchern in die Tiefe sinkt, zunächst dessen oberste Poren so weit an, bis sie ihrer wasserhaltenden Kraft entsprechend gesättigt sind. Das überschießende Wasser fließt den nächsttieferen Bodenporen zu. Hier spielt sich derselbe Vorgang ab, und dies wiederholt sich bei genügendem Zufluß so lange, bis das Wasser auf einer undurchlässigen Schicht anlangt. Dort füllen sich, von unten ansteigend, sämtliche Hohlräume des Bodens mit Wasser: es bildet sich Grundwasser. Je nachdem die undurchlässige Schicht geneigt oder muldenförmig gestaltet ist, fließt das Grundwasser entweder dem größten Gefälle dieser Schicht folgend ab (Schichtenwasser) oder es staut sich und steht still (Stauwasser). Der Grundwasserspiegel wird durch den in Bohrlöchern, Schürfgruben oder Brunnen nach Druckausgleich mit dem Grundwasser sich einstellenden Wasserstand gekennzeichnet. Er entspricht jedoch nur in durchlässigen Schichten der Grundwasseroberfläche im umgebenden Boden. Die auf der Grundwasseroberfläche aufsitzende, aus dem Grundwasser durch die kapillare Saugkraft des Bodens mehr oder weniger angefeuchtete Zone wird als Saugsaum (Kapillarsaum) bezeichnet.

Befindet sich der Saugsaum in solcher Tiefe unter der Geländeoberfläche, daß er noch für die Pflanzenwurzeln erreichbar ist, so bildet er zusammen mit dem Grundwasser einen außerordentlich wertvollen Feuchtigkeitsspeicher für den Pflanzenwuchs. Fällt die Grundwasseroberfläche je nach der kapillaren Saugkraft des Bodens und der Bewurzelungstiefe der Pflanzen tiefer als 0,6 m (Grünland auf sandigem Feinkies) bis 3,5 m (Ackerland auf Lehm) unter die Geländeoberfläche, so ist das Grundwasser für den Pflanzenwuchs wertlos, und die Pflanzen können trotz seines Vorhandenseins unter Trockenheit leiden. Steigt das Grundwasser andererseits zu hoch, so kann es einen sehr schädlichen Einfluß auf den Pflanzenwuchs ausüben. Die zweckmäßige Grundwassertiefe hängt von der Bodenart, vom Klima und von den angebauten Pflanzen ab; sie bedarf noch eingehender Erforschung. Im allgemeinen wird sie unter mittleren Boden- und Klimaverhältnissen in Mineralböden während der Wachstumszeit für Wiesen zu 0,6 m und für Äcker zu 1,0 m angenommen. Über die zweckmäßige Grundwasserspiegelhöhe in Moorböden vgl. Teil II Seite 94 und 108.

Stück 4. **Die Pflanzen**

Den höheren Pflanzen sind zu ihrem Gedeihen außer Wärme, Licht und Luft die folgenden Pflanzennährstoffe unentbehrlich: Wasser, Kohlensäure, Sauerstoff, Stickstoff, Phosphor, Kali, Kalk, Magnesium und Schwefel. Hierzu kommen die sogenannten Spurenelemente Eisen, Mangan, Bor, Zink, Kupfer, Molybdän, Chlor, die bereits in geringer Menge eine günstige Wirkung auf den Pflanzenwuchs auszuüben vermögen. Fehlt nur einer dieser Wachstumsfaktoren oder ist er in zu geringer Menge vorhanden, so ist eine gedeihliche Entwicklung der Pflanze unmöglich. Der Pflanzenertrag steigt nach Mitscherlich mit der Verbesserung eines jeden Wachstumsfaktors, der in nicht für den vollkommenen Höchstertrag ausreichender Menge zur Verfügung steht, und zwar steigt er mit der Zufuhr eines Wachstumsfaktors stets proportional dem an einem bestimmten Höchstertrage fehlenden Ertrag (Wirkungsgesetz der Wachstumsfaktoren). Höchsterträge können nur dann erzielt werden, wenn alle Wachstumsfaktoren in genügender Menge vorhanden sind.

Von der Wärme ist der ganze Lebensvorgang der Pflanzen, Keimung, Blattausbruch, Blüte, Reife und Blattabfall, abhängig. So liegt z. B. die unterste Keimungstemperatur unserer Sommerfrüchte zwischen 4° C (Weizen) und 10° C (Mais), ihre Wachstumstemperatur meist oberhalb 8° C und ihre Reifetemperatur oberhalb 15° C, während die günstigste Temperatur für die meisten Lebenserscheinungen der Pflanzen zwischen 25° C und 30° C liegt.

Das Sonnenlicht befähigt die Pflanzen, der in der Luft vorhandenen Kohlensäure mittels des Blattgrüns den Kohlenstoff zu entreißen und ihn unter Beigabe von Wasser in lebende Masse zu verwandeln, ein Vorgang, der als Assimilation des Kohlenstoffs oder Photosynthese bezeichnet wird.

Die Luft liefert den Pflanzen neben der zur Ernährung ihrer Gewebe nötigen Kohlensäure den zur Atmung erforderlichen freien Sauerstoff. Im Gegensatz zu den Tieren besitzen die Pflanzen aber keine besonderen Atmungsorgane. Vielmehr atmen bei ihnen alle protoplasmahaltigen Gewebe, die Wurzeln geradesogut wie die in freier Luft befindlichen Blätter und Blüten.

Um den Pflanzen die Wurzelatmung zu ermöglichen, muß der Boden gut durchlüftet und ein Teil der Bodenporen stets mit Luft angefüllt sein. Nach Kopecky beträgt das zum Gedeihen der Kulturpflanzen mindestens erforderliche Lufthaltevermögen des mineralischen Bodens für süße Gräser 6—10 und für Feldfrüchte 10 bis 20 Raumhundertstel, und zwar für Weizen und Hafer 10—15, für Gerste und Zuckerrüben 15—20. Die Sumpfpflanzen besitzen als Ersatz für die Wurzelatmung die Fähigkeit, den zum Wurzelwachstum nötigen Sauerstoff von den in die Luft ragenden Teilen nach den Wurzeln zu leiten.

Außer zur Atmung ist der Luftsauerstoff auch mittelbar für die Pflanzen von hohem Werte, denn er erhält das Bodenwasser in einem für die Pflanzen gesunden Zustand, befördert die Zersetzung und Aufschließung der im Boden ruhenden Nährstoffe und ist auch für die Entwicklung der dem Pflanzenwuchs nützlichen Bodenbakterien unentbehrlich.

Das Wasser und mit ihm alle übrigen Nährstoffe, außer der Kohlensäure, werden durch die Wurzeln in die

Pflanzen aufgenommen. Zu diesem Zwecke senden die Pflanzen ihre Wurzeln in den Boden und entwickeln diese in der Tiefe am reichlichsten, in welcher sich ihnen die meisten Nährstoffe darbieten. So kommt es, daß die Hauptmasse der Wurzeln sich meist in der Bodenkrume bildet, da diese infolge ihres Humusgehalts sowie infolge ihrer häufigen Auflockerung und Düngung meist am reichsten an leichtzugänglichen Pflanzennährstoffen ist. Einen Teil ihrer Wurzeln senden jedoch alle Pflanzen auch in größere Tiefen, nicht allein um einen festen Stand zu bekommen, sondern hauptsächlich zu dem Zwecke, sich das im Untergrund enthaltene Wasser nutzbar zu machen, und zwar dringen die meisten unserer einjährigen Kulturpflanzen 1,5—2,5m tief in den Boden ein.

Die Nahrungsaufnahme erstreckt sich nun nicht etwa auf die ganze Länge der Wurzeln, sondern beschränkt sich auf ihre jüngeren Teile. Diese sind in einiger Entfernung von der fortwachsenden Wurzelspitze auf eine kurze Strecke mit schlauchartigen Ausstülpungen der Oberhautzellen, den sog. Wurzelhaaren, versehen, welche in die feinen Poren des Bodens eindringen und sich an die Bodenteilchen so innig anschmiegen, daß sie förmlich mit ihnen verwachsen erscheinen. Die Wurzelhaare können mehrere Millimeter lang werden. Ihre Zahl ist sehr groß; so stehen z. B. bei der Erbse deren 230 auf einem Quadratmillimeter. Ihr mittlerer Durchmesser beträgt nach Atterberg bei Weizen, Roggen und Gerste 0,008 mm, bei den Futtergräsern 0,0085 mm, bei Hafer 0,010 mm und bei den Schmetterlingsblütlern 0,012 mm. Es vermögen also z.B. die Wurzelhaare der Gramineen nur in Böden einzudringen, deren Korngröße über 0,02 mm beträgt, ein Beweis, von welch hoher Bedeutung bei den feinkörnigen Böden die Auflockerung und Krümelung für die Wurzelentwicklung und damit für das Gedeihen der Pflanzen ist.

Die Wurzelhaare nehmen nun das mit Nährstoffen beladene Bodenwasser begierig auf und leiten es den Wurzeln zu, von wo es in den die Pflanzen bis in die Blätter durchziehenden Gefäßbündeln in die Höhe steigt. Das auf diese Weise den Pflanzen zugeführte Wasser hat zweierlei Aufgaben. Einmal bildet es selbst einen sehr wichtigen Pflanzennährstoff, denn von den saftigen Pflanzenteilen bestehen 70—95% und von den holzigen 30—50% aus Wasser. Zum andern ist es das Beförderungsmittel für die mineralischen Pflanzennährstoffe. Da es aber nach Noll kaum mehr feste Bestandteile enthält als ein gutes Trinkwasser, also sehr arm an Mineralteilen ist, so sind bedeutende Wassermengen nötig, um den Pflanzen die erforderlichen Nährsalze zuzuführen. Um nun eine möglichst große Wasserzufuhr zu bewerkstelligen, wird von den Blättern der Pflanzen reichlich Wasser verdunstet und so von den Wurzeln zu den Blättern ein starker Wasserstrom, der sog. Transpirationsstrom, erzeugt, der mit Nährsalzen beladen durch die Wurzelhaare einströmt und unter Hinterlassung seiner gelösten festen Bestandteile unsichtbar als Wasserdampf durch die Spaltöffnungen der Blätter wieder austritt. Die von den Pflanzen auf diese Weise verbrauchten Wassermengen sind sehr beträchtlich. So sind z. B. nach Mitscherlich für die Bildung von je 1 g Trockenmasse bei Gräsern 700—470 ccm, bei Kleegewächsen 510—400 ccm, bei Getreide 520—410 ccm, bei Hülsenfrüchten 420—290 ccm und bei Hackfrüchten 310 bis 300 ccm Wasser erforderlich. Näheres s. **45.** 1926. 51.

Zu bemerken ist jedoch, daß die Pflanzen sich nicht alles im Boden enthaltene Wasser nutzbar zu machen vermögen. Die Bodenkörnchen halten nämlich das hygroskopisch gebundene und einen Teil des durch Schwellung aufgenommenen Wassers mit solcher Kraft zurück, daß es ihnen durch die Wurzeln nicht wieder entrissen werden kann, so daß die Pflanzen trotz seiner Anwesenheit im Boden welken und nach und nach zugrunde gehen. Man nennt den Wassergehalt des Bodens, bei dem dieser Zustand eintritt, die Welkegrenze. Sie ist je nach der Bodenart und dem Wurzelsaugdruck der Pflanzen (5—45 at) verschieden und liegt bei einer Wassermenge, die dem 1,5—4fachen der Hygroskopizität des Bodens entspricht. Näheres s. **64**.

Nach neueren Untersuchungen (**39**) scheinen manche Pflanzen bei Wassermangel im Boden unter bestimmten Voraussetzungen erhebliche Wassermengen durch die Blätter aufnehmen und sie entgegen der normalen Richtung des Saftstroms den Stengeln und Wurzeln zuleiten zu können. Dies kann besonders für die Nachtberegnung (s. Teil II, S. 73) von Bedeutung sein, weil die dazu erforderlichen Außenbedingungen während des Sommers in erster Linie nachts vorhanden sind.

Hinsichtlich der Stickstoffaufnahme unterscheiden sich die Kleearten und die Hülsenfrüchte wesentlich von den übrigen Pflanzen. Während nämlich die Pflanzen im allgemeinen darauf angewiesen sind, ihren Stickstoffbedarf aus dem Boden zu decken, sind die Hülsenfrüchte durch die an ihren Wurzeln sich ansiedelnden Knöllchenbakterien in die Lage versetzt, sich auch den Stickstoff der in den Boden eindringenden atmosphärischen Luft nutzbar zu machen. Näheres s. **69**. 205.

Stück 5. **Die Notwendigkeit einer geregelten Wasserwirtschaft**

Bei Gräsern, Kleegewächsen und Getreide sind, wie wir gesehen haben, zur Bildung von 1 kg Trockenmasse mindestens 400 kg Wasser erforderlich. Wird angenommen, daß von diesen Gewächsen durchschnittlich 60 dz Trockenmasse je ha geerntet werden, so ergibt sich die zur Erzeugung einer Durchschnittsernte erforderliche Wassermenge zu mindestens 2400 cbm je ha, was einer Niederschlagshöhe von 240 mm entspricht. Nun fallen nach dem 50jährigen Beobachtungsmittel in den Gebieten mit unter 600 mm jährlichem Niederschlag während der Hauptwachstumszeit, d. h. in den Monaten April bis Juli, im Durchschnitt 40,6% der jährlichen Niederschlagsmenge. Überall dort, wo der Jahresniederschlag 600 mm nicht erreicht, steht daher den genannten Pflanzen in der Wachstumszeit die zur Erzielung von Durchschnittsernten erforderliche Niederschlagsmenge nicht zur Verfügung. Sie müssen deshalb unter Trockenheit leiden, falls sie nicht aus den Wasservorräten des Bodens zu zehren vermögen. Außerdem sind die Niederschlagsmengen nicht alljährlich gleich groß, sondern schwanken in weiten Grenzen, wie auch ihre Verteilung innerhalb des Jahres sehr ungleichmäßig ist. Es kann daher auch in solchen Gegenden, welche einen durchschnittlichen Jahresniederschlag von mehr als 600 mm besitzen, in der Wachstumszeit an der nötigen Niederschlagsmenge fehlen.

Während so einerseits in vielen Gegenden Wassermangel den Ertrag der Kulturpflanzen nachteilig beeinflußt, kann andererseits auch ein Überfluß an Wasser sehr schädliche Wirkungen haben. So kann das oberirdisch abfließende Wasser neben Schäden durch den Abtrag des Bodens Überschwemmungen und damit schlimme Verheerungen im Gebiet der Vorfluter verursachen, die besonders dann von schädlicher Wirkung sind, wenn sie innerhalb der Wachstumszeit auftreten. Auch im Boden ist ein Übermaß von Wasser sehr nachteilig, teils weil es das Eindringen des Luftsauerstoffs in ihn verhindert und damit die Wurzelatmung unmöglich macht, teils weil es die Wärme des Bodens sehr wesentlich herabsetzt, da es sich nicht nur sehr langsam erwärmt, sondern da auch bei seiner Verdunstung an der Erdoberfläche ein bedeutender Wärmeverlust eintritt. Vor allem aber wirkt stauendes, stillstehendes Wasser schädlich, weil es die sauerstoffhaltige Luft aus dem Boden verdrängt, die Entwicklung der sauerstoffliebenden nützlichen Bodenbakterien hemmt, die gesunde Zersetzung der Humusstoffe verhindert und an ihre Stelle Fäulnisvorgänge treten läßt, infolge deren Säuren und andere Pflanzengifte im Boden entstehen.

Es muß daher das Bestreben dahin gerichtet werden, die Versorgung unserer Kulturpflanzen mit Wasser durch eine geregelte Wasserwirtschaft ebenso zu beherrschen, wie dies bei ihrer Versorgung mit mineralischen Pflanzennährstoffen durch die geregelte Düngerwirtschaft möglich ist. Dies kann neben wassersparenden Maßnahmen bei der landwirtschaftlichen Bodenbearbeitung, dem Anbau gegen den Bodenabtrag schützender Kulturen und Schutz des Bodens gegen austrocknende Winde mittels Hecken und Baumgruppen durch die kulturtechnischen Bodenverbesserungen geschehen, die uns gestatten, einerseits dem Wasserüberfluß durch Verbessern der Vorfluter, durch Absenken des Grundwasserspiegels in angemessene Tiefe und durch Ableiten der stauenden Nässe abzuhelfen und andererseits dem Wassermangel durch Zuführen des erforderlichen Wassers zu steuern.

Stück 6. **Gemeinschaftliche Unternehmen zur kulturtechnischen Bodenverbesserung**

In Gegenden mit stark zersplittertem Grundbesitz ist der einzelne Grundeigentümer nur selten in der Lage, die auf die Regelung der Wasserwirtschaft abzielenden Maßnahmen zur kulturtechnischen Bodenverbesserung für sich allein durchzuführen. Bei Unternehmen zur Zusammenlegung zersplitterten Grundbesitzes (Flurbereinigungen) ist dies selbstverständlich überhaupt ausgeschlossen. Die Ausführung größerer kulturtechnischer Bodenverbesserungen ist daher meist nur auf gemeinschaftlichem Wege möglich, und zwar werden die Beteiligten zu diesem Zwecke zu Wasser- und Bodenverbänden oder, soweit Flurbereinigungen in Frage kommen, zu Teilnehmergemeinschaften zusammengeschlossen.

1. Wasser- und Bodenverbände

Die Rechtsverhältnisse der Wasser- und Bodenverbände sind durch die erste Wasserverbandordnung vom 3. September 1937, **71**. 7 und das Satzungsmuster vom 19. Januar 1938, **71**. 289 geregelt. Das Wichtigste daraus, soweit es sich auf die kulturtechnischen Wasser- und

Bodenverbände, nämlich auf die Entwässerungs-, Drän-, Bewässerungs-, Beregnungs-, Abwasserverwertungs-, Moor- und Heidekulturverbände bezieht, sei nachstehend mitgeteilt.

Die Anregung zur Gründung kulturtechnischer Wasser- und Bodenverbände kann entweder von den beteiligten Grundstücksbesitzern oder von amtlicher Seite (Aufsichtsbehörde, Wasserwirtschaftsamt) ausgehen. Die Beteiligten wenden sich wegen des Aufstellens der für die Gründung des Verbands notwendigen urkundlichen Grundlagen, nämlich der Entwürfe des Plans für das Unternehmen, des Mitgliederverzeichnisses und der Satzung am besten an das zuständige Wasserwirtschaftsamt.

Der Plan muß die erforderlichen Zeichnungen, Erläuterungen, Kostenanschläge und Untersuchungen über die Nützlichkeit des Unternehmens enthalten. Die zur Fertigung farbiger Lagepläne für kulturtechnische Bodenverbesserungen gebräuchlichen Zeichen sind auf Seite 52 bis 54 zusammengestellt. Dabei ist zu bemerken, daß unter rot und blau überall zinnoberrot und preußischblau zu verstehen ist.

Im Mitgliederverzeichnis sind Name, Stand und Wohnort der Teilnehmer, sowie die grundbuch- und katastermäßige Bezeichnung und der Flächeninhalt der einzelnen Flurstücke oder Flurstücksteile anzugeben, die in den Verband eingegliedert werden sollen, wobei die Anzahl der qm der im ganzen einzugliedernden Fläche eines jeden Mitglieds als Wertzahl für die Berechnung der Mehrheit bei der Anhörung der Beteiligten über die Gründung des Verbandes zu nehmen ist. Als Mitglieder kommen außer den Eigentümern derjenigen Grundstücke, für die Vorteil aus der Verbandsaufgabe in Aussicht steht, auch die Eigentümer von Grundstücken in Betracht, die zum Durchleiten von Wasser oder für ein Schöpfwerk gebraucht werden. Solche Mitglieder haben Anspruch auf angemessene Entschädigung mit Geld für den Nachteil, der durch die Benützung ihrer Grundstücke für das Unternehmen hervorgerufen wird, auch sind sie hinsichtlich der in Anspruch genommenen Grundstücke von der Beitragspflicht entbunden.

Die Satzung muß Angaben enthalten über den Namen, den Sitz, die Mitgliedschaft und die Aufgabe des Verbands, sowie über den Plan und die Durchführung des Unternehmens, ferner über die Zahl der Vorstandsmitglieder und der Ausschußmitglieder, über das Verfahren der Wahl des Ausschusses, den Beginn des Rechnungsjahres, die Ermittelung des Beitragsverhältnisses und die Form der Bekanntmachungen. Auch soll sie alle sonstigen für das Leben des Verbandes nötigen Vorschriften enthalten. Als Anhalt kann das eingangs erwähnte Satzungsmuster dienen.

Die Wasser- und Bodenverbände werden vom Staate beaufsichtigt, um sicherzustellen, daß sie im Einklang mit den Gesetzen und der Satzung verwaltet werden. Aufsichtsbehörde ist das Landratsamt oder in kreisfreien Städten das Bürgermeisteramt, obere Aufsichtsbehörde das Regierungspräsidium oder die Landesregierung. Bei Wasser- und Bodenverbänden, die durch eine Flurbereinigungsbehörde gegründet werden (s. Teil II, S. 141), ist diese bis zur Beendigung des Flurbereinigungsverfahrens Aufsichtsbehörde des von ihr gegründeten Wasser- und Bodenverbands.

Sowohl die Aufsichtsbehörde als auch die obere Aufsichtsbehörde können Wasser- und Bodenverbände gründen. In der Regel ist die Aufsichtsbehörde Gründungsbehörde. Das Landratsamt wird vom Wasserwirtschaftsamt beraten, das auch den Plan prüft. Die Satzung wird von der oberen Aufsichtsbehörde geprüft. Die Gründungsbehörde legt den Plan, das Mitgliederverzeichnis und die Satzung zu jedermanns Einsicht offen und gibt das Gründungsvorhaben sowie Zeit und Ort der Offenlegung bekannt. Sie lädt außerdem die Mitglieder nach dem Mitgliederverzeichnis zu gemeinschaftlicher Verhandlung mit der Verwarnung, daß als dem Gründungsvorhaben zustimmend gilt, wer bis zum

Gegenstand	Darstellung
Bauwerke, bestehende	schwarz
„ geplante	rot
Bewässerungspläne:	
Bew.-Gräben, bestehende	blau zwischen schwarzen Linien
„ geplante	rot zwischen roten Linien
Bew.-Rinnen, bestehende	schwarz
„ geplante	rot
Entwässerungsgräben	wie die Vorfluter
Entw.-Rinnen, bestehende	blau
„ geplante	ultramarinblau
Bohrlöcher	ausgefüllte schwarze Kreise, durch schwarze arabische Zahlen mit den Schürfgruben fortlaufend numeriert
Dränpläne:	
Abteilungsgrenzen	gestrichelte rote Linien
Ausmündung der Sammler	kräftiger roter Strich bis zum Vorfluter
darüber Höhe der Drängrabensohle	schwarze arabische Zahlen
darunter Jahresmittelwasser des Vorfluters	schwarze arabische Zahlen mit Zusatz MW
Dränabteilungen	große rote arabische Zahlen[1])
Sammler derselben Dränabteilung	kleine schwarze lateinische Buchstaben[1])
Sauger derselben Dränabteilung	kleine schwarze arabische Zahlen[1])
Dränschacht	schwarzer, rot gefüllter Kreis mit schwarzem D
Kontrollschacht	schwarzer, rot gefüllter Kreis mit schwarzem K

[1]) Zahlen und Buchstaben fortlaufend.

Gegenstand	Darstellung
Sammler	kräftiger roter Strich
darüber Gefällbruchpunkte	kurzer schwarzer senkrechter Strich mit ausgefülltem schwarzen Dreieck am oberen Ende
Gefälle	kleine schwarze arabische Zahlen mit Zusatz % in der Mitte der Gefällstrecke
Sohlenhöhen	kleine schwarze arabische Zahlen an jedem Gefällbruchpunkt
darunter Wechsel der Rohrweiten	kurzer senkrechter schwarzer Strich mit halbgefülltem schwarzen Kreis am unteren Ende
Rohrweiten	kleine schwarze arabische Zahlen mit Zusatz cm
Sauger	leichter roter Strich
Saugerabstand	kleine schwarze arabische Zahl zwischen Pfeilen senkrecht zur Saugerrichtung
Senkbrunnen	schwarzer, rot ausgefüllter Kreis mit schwarzem S
Stauverschluß	schwarzes, rot ausgefülltes Quadrat mit schwarzem St
Grenze des Verbandsgebiets	kräftiger schwarzer Strich mit karminrotem Farbband außen
Grenze benachbarter Verbandsgebiete	kräftiger brauner Strich mit braunem Farbband außen
Höhenlinien des Geländes	braun mit schwarzen arabischen Höhenzahlen
Höhenlinien des Grundwassers	blau mit blauen arabischen Höhenzahlen

Gegenstand	Darstellung
Schürfgruben	ausgefüllte schwarze Rechtecke, durch schwarze arabische Zahlen mit den Bohrlöchern fortlaufend numeriert
Vorfluter, bestehende, ohne Änderung	blau zwischen schwarzen Linien, darüber in schwarzem Kreis mit Richtungspfeil große schwarze lateinische Buchstaben[1])
Vorfluter, bestehende, mit Räumung oder Ausbau	blau zwischen roten Linien, darüber in rotem Kreis mit Richtungspfeil große rote lateinische Buchstaben[1])
Vorfluter, geplante	blau zwischen gestrichelten roten Linien, darüber in rotem Kreis mit Richtungspfeil große rote lateinische Buchstaben[1])
Wasserscheide	kräftige strichpunktierte schwarze Linien mit blauem Farbband
Wege, bestehende	hellbraun zwischen schwarzen Linien
Wege, geplante	hellbraun zwischen roten Linien

Abschlusse der Verhandlung keine Erklärung abgibt. Bekanntzumachen und zu laden ist mindestens zwei Wochen vor der Verhandlung im Kreisblatt oder in ortsüblicher Weise in allen Gemeinden, auf die sich die Aufgabe des Wasser- und Bodenverbands erstreckt. Den einzelnen Mitgliedern, die aus den öffentlichen Büchern ermittelt werden können, soll eine Abschrift der Bekanntmachung und der Ladung zugesandt werden.

---

[1]) Buchstaben fortlaufend.

In dem Verhandlungstermin unterrichtet die Gründungsbehörde oder ihr Beauftragter, als welcher in erster Linie der Leiter des Wasserwirtschaftsamts in Frage kommt, die Beteiligten über das Gründungsvorhaben sowie über Plan und Satzung, hört sie an und erörtert Einwendungen mit ihnen. Der Leiter der Verhandlung stellt in einer Niederschrift Zustimmung und Einwendung eines jeden erschienenen Mitglieds zu dem Gründungsverfahren fest und zeichnet Anträge auf Änderung von Plan, Mitgliederverzeichnis und Satzung auf. Einwendungen können auch nach der Verhandlung zurückgenommen werden.

Die Gründungsbehörde prüft, inwieweit den Änderungsanträgen stattgegeben werden kann und stellt gegebenenfalls nach entsprechender Änderung des Entwurfs durch Zusammenzählen der Wertzahlen derer, die zugestimmt, und derer, die Einwendungen erhoben haben, fest, ob sich die Mehrheit für oder gegen die Gründung ausgesprochen hat. Sie gibt den Bürgermeisterämtern der beteiligten Gemeinden oder, wenn in der Verhandlung für weitere Besprechungen Vertrauensmänner der Zustimmenden und der Widersprechenden gewählt worden sind, diesen das Ergebnis bekannt.

Für die Gründung des Wasser- und Bodenverbands ist jedoch das Verhandlungsergebnis nicht entscheidend. Der Verband kann selbst gegen den Widerspruch aller Mitglieder gegründet werden, wenn dies durch schwerwiegende Gründe des öffentlichen Wohles geboten ist. Die Gründungsbehörde wird jedoch bei einem Widerspruch der Mehrheit in der Regel von der Gründung absehen oder das Verfahren so lange ruhen lassen, bis die Beteiligten sich eines Besseren besonnen haben, weil gegen den Willen der Beteiligten ein Verband in der Praxis kaum oder nur unter Anwendung schwerster Aufsichtsmittel ins Leben gerufen werden kann.

Wenn die Gründungsbehörde den Verband gründen will, entscheidet sie in einem begründeten Bescheide über die Einwendungen der Mitglieder.

Diesen steht in zwei Wochen nach der Zustellung der Entscheidung die Beschwerde an die nächsthöhere Aufsichtsbehörde zu, welche endgültig entscheidet.

Wenn feststeht, daß über keine Einwendungen zu entscheiden ist, oder wenn über alle Einwendungen endgültig entschieden ist, erläßt die Gründungsbehörde die Satzung und gründet damit den Verband. Die Satzung darf jedoch unter entsprechendem Vorbehalt auch schon mit der ersten Entscheidung über die Einwendungen erlassen werden, wenn die Mehrheit sich für die Gründung des Verbands ausgesprochen hat und die noch offenen Einwendungen nachträglich berücksichtigt werden können. Dadurch soll verhindert werden, daß wenige Beteiligte durch ihre Einwendungen die Durchführung des Unternehmens aufhalten und den Baubeginn verzögern.

Die Wasser- und Bodenverbände verwalten sich selbst unter eigener Verantwortung. Jeder Verband hat zu diesem Zwecke zwei Organe, und zwar große Verbände Vorstand und Ausschuß, kleine Verbände mit nicht mehr als 50 Mitgliedern Vorstand und Verbandsversammlung. Der Vorstand kann aus einer Person, dem Vorsteher, oder (bei größeren Verbänden) aus mehreren Personen bestehen, deren Vorsitzer ebenfalls Vorsteher genannt wird. Der Vorsteher und seine Stellvertreter werden von der Aufsichtsbehörde gemäß einem Vorschlage des Verbandsausschusses berufen. Wenn die Aufsichtsbehörde dem Vorschlage nicht folgen will, entscheidet die obere Aufsichtsbehörde. Die anderen Mitglieder des Vorstands und ihre Stellvertreter beruft der Verbandsausschuß. Sie bedürfen der Bestätigung der Aufsichtsbehörde. Nach der Verbandsgründung kann die Aufsichtsbehörde in freier Entschließung den ersten Vorstand bestellen. Dies empfiehlt sich immer, wenn der Verband rasch handlungsfähig werden soll. Der Vorsteher hat im Rahmen des Haushaltplans die Verwaltung zu führen und den Verband nach außen zu vertreten. Er unterrichtet in angemessenen Zeitabständen die anderen Mitglieder des

Vorstands über die Angelegenheiten des Verbands und hört ihren Rat zu wichtigen Geschäften. Der Ausschuß wird von den Mitgliedern des Verbands gewählt, von der Aufsichtsbehörde bestätigt und von dem Vorsteher nach Bedarf zu Sitzungen berufen. Er hat über die Bildung und die Entlastung des Vorstandes zu beschließen, den Haushaltplan festzusetzen und den Vorstand in allen wichtigen Geschäften zu beraten. Bei kleineren Verbänden, die keinen Ausschuß haben, hat die Verbandsversammlung die Aufgaben des Ausschusses zu erfüllen.

Die Bauausführung soll im Einvernehmen mit dem Wasserwirtschaftsamt erfolgen. Die Verträge über die Vergebung der Bauarbeiten sind vom Vorsteher dem Wasserwirtschaftsamt zur Stellungnahme zuzuleiten, dem auch der Beginn der Arbeiten rechtzeitig anzuzeigen ist. Während der Bauausführung hat der Verbandsvorsteher den Rat des Wasserwirtschaftsamts fortlaufend einzuholen und zu berücksichtigen, auch hat er dem Wasserwirtschaftsamt die Beendigung der Arbeiten anzuzeigen. Das Wasserwirtschaftsamt hat die Anlagen abzunehmen, es allein ist zur technischen Abschlußprüfung befugt.

Um eine ordnungsmäßige Unterhaltung der Anlagen des Verbands zu gewährleisten, sind diese wenigstens einmal im Jahr durch Beauftragte des Verbands zu prüfen. An den Schauen sollen der Vorsteher und die von ihm berufenen Schaubeauftragten teilnehmen. Der Vorsteher ist Schauführer. Er hat die Aufsichtsbehörde und das Wasserwirtschaftsamt vier Wochen vorher zur Teilnahme an der Schau einzuladen. Das Ergebnis der Schau ist in einem Schaubuch zu vermerken, desgleichen die Abstellung der Mängel. Die Aufsichtsbehörde und das Wasserwirtschaftsamt sind hiervon zu benachrichtigen. Außerdem kann das Wasserwirtschaftsamt die Anlagen des Verbands jederzeit selbst prüfen. Es kann, wenn Eile geboten ist, einstweilige Anordnungen geben.

Die Beitragslast wird auf die Mitglieder im Verhältnis des Vorteils verteilt, den ihre Grundstücke von den Verbandsanlagen haben. Sind die Unterschiede des Vorteils für die einzelnen Mitglieder nicht allzu groß, so genügt es, die Beitragslasten nach dem Verhältnis des Flächeninhalts der zum Verband gehörigen Grundstücke oder bei Dränungen im Verhältnis der Länge der auf die einzelnen Grundstücke entfallenden Saugerstrecken zu verteilen. Bei erheblichen Verschiedenheiten werden die Grundflächen der Mitglieder in Vorteilklassen eingeteilt und für jedes Mitglied sein Vorteilverhältniswert aus Flächeninhalt und Vorteilklasse errechnet. Der Verbandsvorsteher sorgt für den Eintrag des Beitragsverhältnisses der Mitglieder in das Beitragsbuch, setzt nach ihm die jeweils zu hebenden Geldbeiträge der einzelnen Mitglieder in einer besonderen Hebeliste fest und zieht sie ein. Der Vorsteher kann auf Beschluß des Vorstands die Verbandsmitglieder auch zu Hand- und Spanndiensten für das Verbandsunternehmen heranziehen. Die Verteilung dieser Sachbeiträge richtet sich nach dem Beitragsverhältnis. Gegen das Beitragsbuch, gegen die Hebeliste und gegen den Inhalt der Sachbeitragslast können die Mitglieder in zwei Wochen nach der Bekanntgabe beim Vorstand Einspruch erheben. Gegen den Einspruchsbescheid des Vorstands steht ihnen die Beschwerde an die bei den oberen Flurbereinigungsbehörden (Teil II, Seite 134) eingerichteten Spruchstellen für Wasser- und Bodenverbände bzw. dort, wo keine Spruchstellen bestehen, an die Verwaltungsgerichte (77) zu. Die Beiträge der Mitglieder sind öffentliche Lasten; als solche haften sie dinglich auf den am Verband beteiligten Grundstücken und können im Verwaltungszwangsverfahren beigetrieben werden. Vollstreckungsbehörde ist der Verbandsvorsteher.

Die Zuweisung neuer Mitglieder zum Verband ist ebenso wie die Entlassung von Mitgliedern ausschließlich Sache der Aufsichtsbehörde. Bei der Entlassung und bei einfachen Fällen der Zuweisung genügt es, den Vorstand und die zu entlassenden bzw. zuzuweisenden Mitglieder zu hören. In den anderen Fällen der Zuweisung ist ein dem Gründungsverfahren gleiches Ausdehnungsverfahren erforderlich.

Auch die Auflösung des Verbandes ist nicht von dem Willen seiner Mitglieder abhängig. Sie kann vielmehr durch die Aufsichtsbehörde nach Anhörung des Ausschusses verfügt werden, wenn das Fortbestehen des Verbands nicht erforderlich ist oder schwerwiegende Gründe des öffentlichen Wohles die Auflösung erfordern.

2. Flurbereinigungen

Über die Flurbereinigungen ist auf das dritte Hauptstück von Teil II zu verweisen.

Zweites Hauptstück

Die Entwässerung

Stück 7. Die Kennzeichen kulturwidriger Bodennässe

Abgesehen von offensichtlicher Sumpfbildung, wo der bis zur Geländeoberfläche reichende Grundwasserspiegel entweder unmittelbar in Pfützen und Tümpeln zutage tritt oder beim Betreten durch Menschen und Tiere in den zurückbleibenden Fußspuren sich zeigt, sind die besten Wegweiser für die kulturwidrige Nässe eines Bodens die auf ihm wachsenden Pflanzen. Beim Ackerland sind die gelbgrüne, fahle Farbe des Getreides, das Auftreten zahlreicher Unkräuter, wie Quecke, Windhalm, Schachtelhalm, Huflattich, sowie des Rosts und anderer Pflanzenkrankheiten sichere Anzeichen für kulturwidrige Nässe. Bei Wiesen zeigt sich schädlicheNässe an rostbrauner Farbe außerhalb der Wachstumszeit, an einem roten Schimmer, den ihnen der Sauerampfer zur Heuzeit verleiht, und am Vorhandensein von allerlei schlechten, teilweise sogar giftigen Futterkräutern, wie Hahnenfußgewächse, Sumpfdotterblume, Herbstzeitlose und Wiesenschaumkraut, und von sauren Gräsern, wie Seggen, Binsen, Wollgräsern, Simsen und Schilf, sowie von Moos. Außerdem sind nasse Äcker an längerer Schneebedeckung und verspätetem Abtrocknen im Frühjahr, sowie am häufigen Auswintern und am verspäteten Reifen des Getreides zu erkennen.

Stück 8. **Die Ursachen kulturwidriger Bodennässe**

Die Veranlassung zur Bildung kulturwidriger Nässe im Boden kann sowohl vom Grundwasser als auch vom Tagwasser ausgehen.

I. Das Grundwasser bildet vor allem in den durchlässigen Böden die Ursache der Vernässung, insofern als sich sein Spiegel unter gewissen ungünstigen örtlichen Verhältnissen in zu geringe Tiefe unter die Bodenoberfläche einstellt. Als solche sind in erster Linie zu nennen:

1. ungenügende Vorflut, d. h. mangelhafter Abfluß des Wassers, hervorgerufen durch:

a) Verkrautung des Vorfluters, d. h. üppige Entwicklung von Wasserpflanzen während der Wachstumszeit, die den Abfluß des Wassers hindern und es übermäßig aufstauen,

b) stark gewundener Lauf des Vorfluters, der Gefällsverminderung und Hebung des Wasserspiegels zur Folge hat,

c) natürliche Abflußhindernisse im Bett des Vorfluters, wie Verengungen durch seitliches Eindringen von Schuttkegeln, Anbruch des Ufers, Erhöhung der Sohle infolge Anschwemmung von Geröll- und Kiesbarren,

d) künstliche Abflußhindernisse im Bett des Vorfluters, wie zu enge und zu hoch liegende Durchlässe und Brücken und zu hohe Stauanlagen,

e) allmähliche Erhebung des Wasserspiegels im Vorfluter über das umgebende Gelände infolge Erhöhung seiner Sohle und seiner Ufer durch Ablagerung von Sinkstoffen,

f) Bildung eines unterirdischen Stausees infolge muldenförmiger Gestaltung der undurchlässigen Schicht,

g) Eindeichung zeitweise überschwemmten Geländes zum Zwecke der Gewinnung von Kulturland;

2. Herantreten der undurchlässigen Schicht, auf der das Grundwasser sich fortbewegt, an die Geländeoberfläche oder ihr vollständiges Zutagetreten und als Folge hiervon das Auftreten von Schichtenwasser und von Quellen, eine hauptsächlich in hängigem Gelände häufige Erscheinung.

II. Das Tagwasser gibt besonders bei wenig geneigter oder muldenförmiger Geländegestaltung und vor allem in schweren, dichtgelagerten Böden die Veranlassung zur Vernässung; denn diese Böden halten wegen ihres hohen Wasserhaltevermögens und ihrer geringen Durchlässigkeit das eindringende Wasser nicht nur in bedeutenden Mengen, sondern auch sehr zähe zurück. Sie brauchen daher sehr lange Zeit zum Abtrocknen, wenn sie durch ausgiebige Niederschläge oder durch die Schneeschmelze tüchtig durchnäßt sind.

Stück 9. **Die Mittel zur Bekämpfung kulturwidriger Bodennässe**

Die Vorbedingung jeglicher Entwässerung ist naturgemäß die Schaffung und Unterhaltung einer geordneten Vorflut. Hierbei handelt es sich vor allem darum, den obengenannten Abflußhindernissen wirksam zu begegnen.

Dem Verkrauten der Vorfluter kann nur durch regelmäßigen Wasserkrautschnitt entgegengewirkt werden. Dieser wird je nach der Stärke der Verkrautung jährlich 1—2mal vorgenommen, und zwar bei einmaligem Krauten in der Zeit niederigen Wasserstands nach dem zweiten Heuschnitt, bei zweimaligem außerdem noch im Mai. Wo sich ein Anstauen des Wassers im Oberlauf oder ein Umleiten während der Arbeit nicht ermöglichen läßt, muß das Krauten unter Wasser vorgenommen werden. Hierzu werden je nach der Größe der Vorfluter verschiedene Werkzeuge verwendet. Zum Krauten kleiner Gewässer genügen rechen-, sensen- oder sichelartige Geräte, während für größere Wasserläufe teils auf Nachen oder Motor-

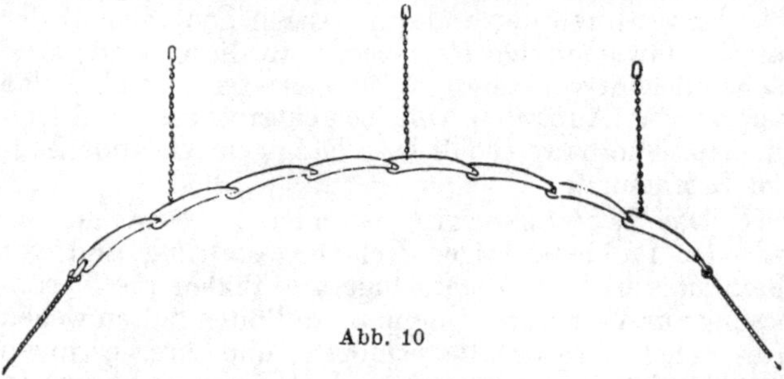

Abb. 10

booten angebrachte Wasserpflanzenmähmaschinen, teils Sensenketten (Abb. 10) oder Krautungsmesser benützt werden, die entweder von den Ufern aus oder mit Kähnen oder Motorbooten auf der Sohle flußaufwärts gezogen werden. Näheres s. **63**.

Zu starke Krümmungen der Vorfluter lassen sich durch Durchstiche oder durch zusammenhängende Bach- bzw. Flußlaufverbesserungen beseitigen. Hierbei ist darauf zu sehen, daß in den verbesserten Strecken der gewöhnliche Wasserspiegel sich in die für den Pflanzenwuchs günstigste Tiefe einstellt und daß auch bei Niederwasser eine allzu große Absenkung des Grundwassers in dem umgebenden Gelände vermieden wird. Andererseits sind die Durchflußquerschnitte so zu bemessen, daß sie imstande sind, die Hochwasser unschädlich abzuführen.

Dabei ist zu unterscheiden, ob die Verbesserung in Acker- oder in Wiesenland zur Ausführung kommt. Bei der Überschwemmung von Ackerland können nämlich auch außerhalb der Wachstumszeit durch Abschwemmen der ungeschützt daliegenden guten oberen Bodenschichten erhebliche Schäden entstehen, während dies bei den Wiesen, die durch ihre geschlossene Grasnarbe geschützt sind, nicht möglich ist. Hier sind im Gegenteil Überschwemmungen außerhalb der Wachstumszeit um ihrer düngenden Wirkung willen überall sehr erwünscht, wo es sich nicht um den Hochwasserschutz von Ortschaften oder um Abwehrmaßregeln gegen die Verbreitung der Leberegelseuche handelt und wo das Wasser nicht mit Sand und Geröllen beladen oder durch im Oberlauf gelegene Gerbereien oder Lederleimfabriken mit Milzbrandbakterien verseucht ist. Im Ackerland sowie in den eben genannten besonderen Fällen werden die Durchflußquerschnitte daher so bemessen, daß die Vorfluter auch die Winterhochwasser aufzunehmen vermögen, wogegen man sich im Wiesengelände im allgemeinen mit der Abführung der gewöhnlichen Sommerhochwasser begnügt. Um diesen Anforderungen gerecht zu werden, sind die Querschnitte der Vorfluter flach und mit möglichst geringer Neigung der Böschungen (1:2 bis 1:3), im Bedarfsfalle sogar als Doppelquerschnitte auszubilden (Abb. 11 und 12). In beiden Fällen können die zur Abführung des Hochwassers bestimmten Querschnittsteile bequem zur Grasnutzung verwendet werden, sind also der landwirtschaftlichen Nutzung nicht verloren, wodurch der bei der Wahl flacher und breiter Querschnitte

Abb. 11

Abb. 12

gegenüber tief eingeschnittenen, engen Querschnitten scheinbar sich ergebende Landverlust großenteils wieder ausgeglichen wird. Im übrigen gehen diese Bauten über den Rahmen bloßer kulturtechnischer Bodenverbesserungen hinaus und gehören in das Gebiet des Flußbaues. Es ist deshalb über sie auf Bd. 585 dieser Sammlung zu verweisen.

Dem Zudringen von Geröllen in die Vorfluter wird dadurch vorgebeugt, daß man die geröllführenden Seitenbäche mit Geröllfängen verbaut und bei ihrem Eintritt in die Ebene Sand- und Kiesfänge anlegt. Die Beseitigung der im Bett der Vorfluter vorkommenden natürlichen Abflußhindernisse ist Aufgabe einer geordneten Flußunterhaltung und gehört daher ebenfalls in das Gebiet des Flußbaues.

Zu enge und zu hoch liegende Durchlässe und Brücken erfordern meist kostspielige Um- oder Neubauten, sofern nicht eine tiefe Gründung das genügende Vertiefen der Sohle gestattet. Schädlicher Rückstau von Wehren läßt sich zweckmäßig durch Anlegen von Parallelgräben und deren Einführen in das Unterwasser beseitigen (Abb. 13). Hierbei wird es allerdings nicht selten erfor-

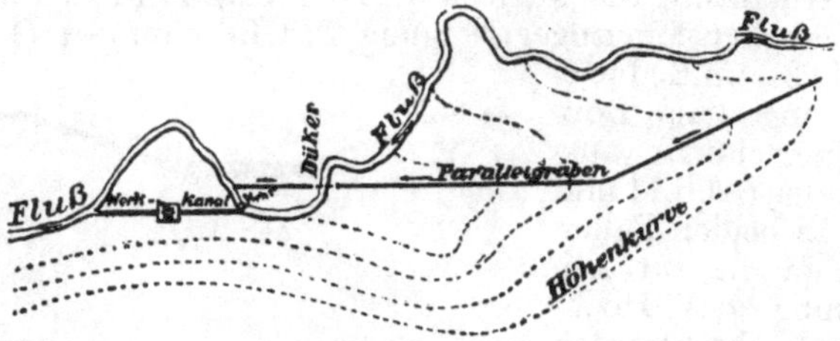

Abb. 13

derlich, den neuen Vorflutgraben in einem Düker (Abb. 14) unter dem Vorfluter durchzuführen; allein solche Bauwerke sind meist noch wesentlich billiger, als die im Falle des Entfernens oder Abnehmens der Stauanlagen an die Nutzungsberechtigten zu bezahlenden Entschädigungen.

In ähnlicher Weise kann der vernässenden Wirkung der Erhebung der Vorfluter über die umgebende Talsohle begegnet werden. Hier werden in den seitlichen Talab-

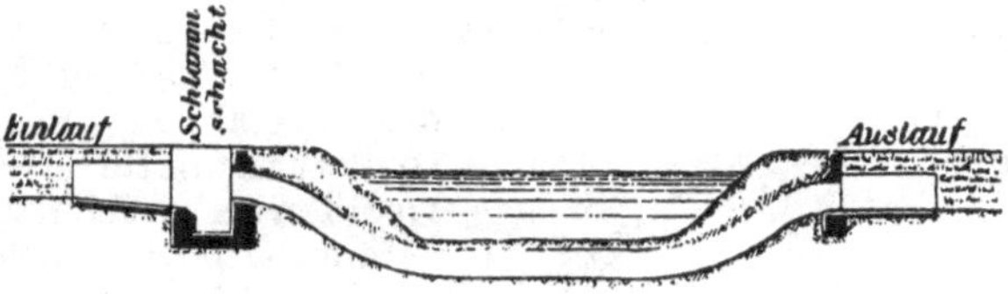

Abb. 14

schnitten sog. Binnenkanäle angelegt. Diese erhalten ein geringeres Gefälle als der Hauptvorfluter und sind so imstande, die Vorflut der Seitenflächen in den Unterlauf des letzteren zu vermitteln. Hervorragende Beispiele dieser Art sind die im Rheintal ausgeführten Binnenkanäle, die als Vorfluter dienen für die früher vollständig versumpfte, jetzt aber größtenteils der Kultur zurückgewonnene Talebene zu beiden Seiten des Rheins von Buchs bis zu seiner Einmündung in den Bodensee.

Bei muldenförmiger Gestaltung der undurchlässigen Schicht ist zur Schaffung genügender Vorflut deren Rand an geeigneter Stelle zu durchbrechen (Abb. 15) und ein bedeckter oder offener Vorflutgraben bis zum nächsten natürlichen Vorfluter zu führen. In einzelnen Fällen sind zu diesem Zwecke sogar schon großartige Stollenbauten ausgeführt worden, so bei der Entwässerung des Fuciner und des Lungern-Sees.

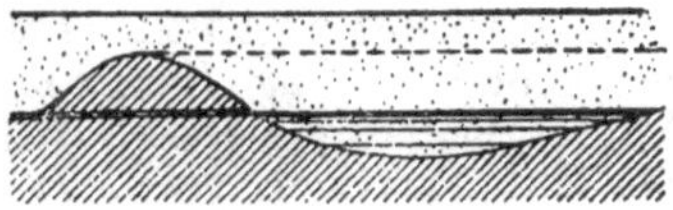

Abb. 15

Wo infolge allzu tiefer Lage des zu entwässernden Geländes unter dem Wasserspiegel des Vorfluters eine natürliche Vorflut nicht mehr zu erzielen ist, muß zur Schaffung künstlicher Vorflut geschritten werden.

Das gebräuchlichste Mittel hierzu ist das Heben des Wassers mit Schöpfwerken. Um die zu hebende Wassermenge möglichst zu beschränken, wird das der tiefliegenden Fläche (dem Polder) von außen zufließende Wasser durch Umleitungs-, Rand- und Fanggräben vor dem Eintritt in den Polder abgefangen und gesondert mit natürlichem Gefälle dem Vorfluter zugeführt (Abb. 16). Auch ist durch Auslaßschleusen dafür zu sorgen, daß bei niederen Wasserständen im Vorfluter die natürliche Entwässerung an die Stelle der künstlichen Wasserhebung treten kann.

Abb. 16

Wird der Polder von einem Wasserlauf durchzogen, so ist durch vergleichende Kostenberechnungen zu prüfen, ob nicht eine Bedeichung des Wasserlaufs und damit eine Zweiteilung des Polders einem Randkanal vorzuziehen ist. Überhaupt sind bei der Entwurfsbearbeitung für Schöpfwerksanlagen alle in Betracht kommenden technischen und wirtschaftlichen Gesichtspunkte unter Berücksichtigung der besonderen örtlichen Verhältnisse sorgfältig abzuwägen. Eine wertvolle Grundlage hierzu bilden die vom Deutschen Ausschuß für Kulturbauwesen für die Berechnung der Zulaufmengen zu den Schöpfwerken und für deren Anlage und Ausrüstung aufgestellten Grundsätze **13**.

Während früher jahrhundertelang Wasserschnecken und Wurfräder als Wasserhebemaschinen verwendet wurden, kommen in neuerer Zeit für Schöpfwerke in erster Linie Schleuderpumpen in Frage, die, je nachdem ihre Laufräder als Zellen-, Schrauben- oder Flügelräder gebaut sind, Kreisel-, Schrauben- oder Propellerpumpen genannt werden.

Zum Antrieb der Schöpfwerkspumpen werden neben der übrigens nur noch ausnahmsweise für sehr große Anlagen verwendeten Dampfkraft in neuerer Zeit in erster Linie Dieselmotoren und Elektromotoren benützt, und zwar von den Dieselmotoren die kompressorlose Bauart. Die Elektromotoren verbinden, wenn der elektrische Strom mit geeigneter Spannung in der Nähe des Schöpfwerks zur Verfügung steht, den Vorteil niedriger Anschaffungskosten, geringen Platzbedarfs, größter Einfachheit in der Anlage und leichter Anpassungsfähigkeit an die Bedürfnisse der Entwässerung mit geringen Unterhaltungskosten. Auch gestatten sie durch die Anlage von Schwimmern selbsttätige Ein- und Ausschaltung der Pumpwerke bei bestimmten Wasserständen, so daß bei ihnen auch die Bedienung auf ein Mindestmaß herabgesetzt wird. Die Anwendung der Windkraft hängt in erster Linie davon ab, ob am geplanten Aufstellungsort Winde von hinreichender Stärke (Geschwindigkeit mindestens 3 m/s) in genügender Häufigkeit und Dauer vorhanden sind. Sie beschränkt sich deshalb in der Hauptsache auf die windreichen Gegenden in der Nähe der Meeresküsten, und zwar können dort die neuzeitlichen Stahlwindturbinen unter der Voraussetzung ständig sorgsamer Behandlung und Ölung insbesondere zur Entwässerung kleinerer Grünlandpolder verwendet werden. Vielfach wird es dabei jedoch nicht zu umgehen sein, die Entwässerungsgräben durch entsprechende Erweiterung zu Sammelbecken von hinreichendem Fassungsvermögen auszugestalten, um im Falle längerer Windstille ein unerwünschtes Ansteigen des Wasserstandes im Polder zu verhindern.

Ein weiteres Verfahren zur Schaffung einer künstlichen Vorflut ist das Versenken des Wassers in sehr durchlässige Schichten des tieferen Untergrunds. Dies geschieht in der Weise, daß das Wasser aus dem Entwässerungsgebiet in einem Sammelschacht zusammengeleitet, dort zur Ruhe und damit zum Absetzen der mitgeführten Schwebestoffe gebracht und von hier aus mittels einer Durchbruchleitung in die durchlässige Schicht versenkt wird (Abb. 17). Da das Versenken des Wassers jedoch nur in sehr durchlässigem Untergrund oder in zerklüftetem Gebirge möglich ist und daher die Verhältnisse dafür nur selten günstig liegen, so wird diese Art der Schaffung einer künstlichen Vorflut nur selten angewendet.

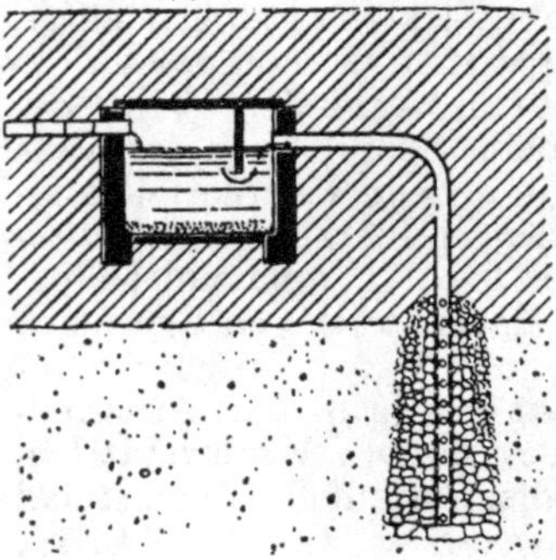

Abb. 17

Unter die Verfahren zur Schaffung einer künstlichen Vorflut kann endlich auch noch die Entwässerung durch Anpflanzung gerechnet werden, bei der die sehr große Wasserverdunstung mancher Pflanzen verwertet wird. Am besten eignen sich zu diesem Zwecke die Sonnenblume und die Eukalyptusarten. Beide werden in südlichen Ländern in Sumpfgebieten zur Entwässerung und damit zur Verbesserung des Klimas angepflanzt und sollen dort bei Bekämpfung der Fieberkrankheiten gute Dienste leisten.

Zum unschädlichen Abführen von Quell- und Schichtenwasser genügt bei leichteren Bodenarten das Herstellen einzelner Kopfdräne oder offener Fanggräben. Diese sind quer zum Hang so anzulegen, daß sie in die undurchlässige Schicht noch etwas eingeschnitten sind (Abb. 18), damit das zufließende Wasser vollständig abgefangen wird. Bei den Kopfdränen empfiehlt es sich, sie bis über die wasserführende Schicht mit durchlässigen Stoffen, wie Schlacken, Kies und Steinen anzufüllen. Als großartiges Beispiel eines Abfanggrabens ist

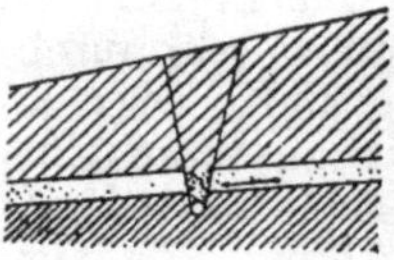

Abb. 18

der etwa 12 km lange Quergraben zu nennen, der beim Bau des Kraftwerks der mittleren Isar unterhalb Münchens angelegt wurde, um den Grundwasserstrom, der dem 24000 ha großen Erdinger Moos zuströmt, abzufangen und dieses dadurch zu entwässern.

Die schädliche Wirkung des Tagwassers wird mittels der Einzelentwässerung beseitigt, und zwar erfolgt diese entweder durch offene Gräben oder durch Dränstränge.

Stück 10. **Die Entwässerung durch offene Gräben**

Die offenen Gräben haben vor den Dränsträngen folgende Vorzüge:

1. größeren Durchflußquerschnitt und damit größere Wasserführung,
2. raschere Abführung des Tagwassers,
3. geringeren Gefällverbrauch,
4. jederzeitige Zugänglichkeit und bessere Übersichtlichkeit.

Diesen Vorzügen stehen jedoch erhebliche Nachteile gegenüber:

1. bedingen die offenen Gräben stets einen gewissen Verlust an Ertragsfläche,
2. erschweren sie die Zugänglichkeit und die Bewirtschaftung der Grundstücke,
3. machen sie zahlreiche Überfahrtsdolen nötig,
4. erfordern sie dann, wenn sie nicht bloß zur oberflächlichen Abführung des Tagwassers, sondern auch zur Beseitigung der schädlichen Bodennässe dienen sollen, infolge der dadurch bedingten Tiefe bedeutende Grabarbeit und damit hohe Anlagekosten,
5. verursachen sie dauernde Aufwendungen für geordnete Unterhaltung,
6. geben sie die Brutstätten für allerhand Ungeziefer und Unkräuter ab,
7. ist ihre Wirkung im Winter und im Frühling schlechter als bei Dränsträngen. Bei anhaltendem Frost

gefriert nämlich die oberste Schicht des Grabenumfangs und macht diesen vollkommen undurchlässig, so daß der Graben über die ganze Dauer dieses Zustandes für das Abführen des Bodenwassers untauglich ist, während frostfrei liegende Dränstränge auch beim stärksten Frost wirksam bleiben. Durch offene Gräben entwässerte Grundstücke trocknen daher im Frühling später ab als gedränte, ihr Boden erwärmt sich langsamer und das Pflanzenwachstum setzt auf ihnen später ein.

Infolge dieser Nachteile und da außerdem die offenen Gräben trotz ihres großen Querschnittes keine bessere Durchlüftung des Bodens bewirken als Dränstränge, ist man mehr und mehr von dieser früher allgemein üblichen Entwässerungsart abgekommen und verwendet offene Gräben nur noch in solchen Fällen, in denen zeitweise große Wassermengen rasch abzuführen sind oder wo das Gefälle für Dränstränge nicht ausreicht oder diese, wie z. B. an der Ausmündung von Sammlern, nicht mehr genügend tief unter die Geländeoberfläche zu liegen kämen.

Die offenen Gräben werden, sofern es sich nicht um Fang- oder Randgräben handelt, stets in die tiefsten Linien der zu entwässernden Geländemulden gelegt und so tief eingeschnitten, als es der Entwässerungszweck verlangt (vgl. S. 43).

Ihre Führung soll möglichst gestreckt sein, sie sind deshalb mit flachen Bögen dem Verlauf der Geländemulden anzupassen; scharfe Bögen und Ecken sind zu vermeiden; der vorhandene Baumbestand ist möglichst zu schonen. Die Sohlenbreite der Entwässerungsgräben sollte nicht geringer als 0,40 m gewählt werden. Ihre Böschungsanlage richtet sich in erster Linie nach der Bodenbeschaffenheit, doch sollten überall dort, wo die Böschungen zur Grasnutzung dienen sollen, keine steileren als $1^1/_2$fache Böschungen angewendet werden. Im Sandboden ist 2—3fache Böschungsanlage erforderlich. Durch flaches Ausrunden der oberen Böschungskante läßt sich ein naturnaher Anschluß an das Gelände erzielen. Haben die Gräben auch Hochwasser abzuführen, so bestimmen sich ihre Querschnittsabmessungen nach der Hochwassermenge. Diese richtet sich nach Größe, Form, Durchlässigkeit, Neigung und Anbau des Einzugsgebiets, sowie nach Stärke und Dauer der Niederschläge. Sie setzt daher eine genaue Untersuchung der örtlichen Verhältnisse voraus. Als Anhalt können für Gräben und kleinere Bäche die folgenden Zahlen dienen:

Wasserstand	Abzuführende Wassermenge im Flachland l/s km²	Abzuführende Wassermenge im Hügelland l/s km²
Mittelwasser	6— 10	8— 15
Sommerhochwasser	25— 40	bis 200
Größtes Hochwasser	65—250	250—600

Näheres s. **76**. Hinsichtlich der Bemessung der abzuführenden Hochwassermenge ist auf S. 63 zu verweisen.

Die Berechnung des Durchflußquerschnitts offener Gräben erfolgt mit den Formeln:

(8) $$Q = F \cdot v$$

und

(9) $$v = k \cdot \sqrt{R \cdot J}\,,$$

worin Q die Wassermenge in cbm je Sekunde,
F die Wasserquerschnittsfläche in qm,
v die Wassergeschwindigkeit in m je Sekunde,
$R = F : U$ den hydraulischen Radius,
U den vom Wasser benetzten Querschnittsumfang in m,
J das Wasserspiegelgefälle je Längeneinheit und
k einen Beiwert bedeutet.

Letzterer kann berechnet werden entweder aus der Gleichung von Ganguillet und Kutter

(10) $$k = \frac{23 + \frac{1}{n} + \frac{0{,}00155}{J}}{1 + \left(23 + \frac{0{,}00155}{J}\right) \cdot \frac{n}{\sqrt{R}}}$$

oder bei Gefällen von 0,0005 (0,5‰) an aufwärts aus der kleinen Kutterschen Gleichung

$$(11) \qquad k = \frac{100 \cdot \sqrt{R}}{m + \sqrt{R}}.$$

In diesen Gleichungen sind n und m Rauhigkeitszahlen. Diese betragen bei gewöhnlichen Gräben $n = 0{,}030$ und $m = 2{,}00$ und bei Gräben, bei denen mit Verkrautung und Verschlammung zu rechnen ist, $n = 0{,}035$ und $m = 2{,}50$. Die Benützung der Formeln wird durch eine Reihe von Zahlentafeln, zeichnerischen Darstellungen und Rechenschiebern erleichtert, so z. B. durch **54, 76, 38.**

Die Herstellung der offenen Gräben erfolgt in der Regel von Hand mit den gewöhnlichen Grabwerkzeugen, und zwar stets in der Richtung von unten nach oben, damit das zudringende Wasser während der Arbeit ungehindert ablaufen kann. Der Aushub wird zweckmäßig zum Auffüllen alter, entbehrlich gewordener Gräben und besonders tief liegender Geländeteile verwendet oder in dünner Schicht gleichmäßig auf den anstoßenden Flächen verteilt. Seine dauernde Ablagerung in fortlaufenden Wällen längs der Grabenränder darf unter keinen Umständen geduldet werden, weil dadurch der oberirdische Wasserabzug behindert und damit die Entwässerungswirkung beeinträchtigt wird.

Führen die Gräben nur selten Wasser, so genügt bei geringem Gefälle zu ihrer Befestigung in der Regel der Ansatz des beiderseitigen Böschungsfußes mit 0,3 bis 0,4 m breiten Rasenstreifen und Ansaat des übrigen Teiles der Böschung mit einer geeigneten Grassamenmischung (s. **26**. 15). Wird bei zunehmendem Sohlgefälle die mittlere Wassergeschwindigkeit des Durchflußquerschnitts für die betreffende Bodenart zu groß, nämlich für Schlamm größer als 0,10 m,
weichen Lehm größer als 0,20 m,
feinen Sand größer als 0,40 m,
groben Sand und feinen Kies größer als 0,80 m,

Kieselsteine größer als 1,20 m,
eckige Steine größer als 1,70 m,

so ist auch die Grabensohle zu befestigen. Hierzu genügt zunächst ebenfalls Rasensatz, von etwa 6% Gefälle ab wird Pflasterung erforderlich. Da jedoch die durchgängige Abpflasterung ziemlich kostspielig ist, so faßt man oft die Sohlenbefestigung bei starken Gefällen an einzelnen Punkten in Abstürzen zusammen. Diese Abstürze werden aus quergelegten, beiderseits in die Böschungen eingreifenden, unten durch eingerammte Pfosten gehaltenen Rundhölzern (Abb. 19) oder aus Stein hergestellt und so angeordnet, daß die entstehenden Zwischengefälle für die betreffende Bodenart nicht zu groß werden. Die Absturzböden solcher Bauwerke sind ebenso wie die anschließenden Uferböschungen besonders sorgfältig gegen den Angriff des Wassers zu schützen.

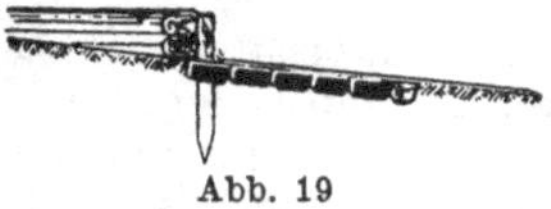
Abb. 19

Führen die Gräben ständig Wasser, so kann die Widerstandsfähigkeit der Sohle durch das Einbringen einer 0,2—0,3 m starken Schicht groben Kieses oder durch eine Strauchbettung erhöht werden. Die Strauchbettung besteht aus frischen Reisern, die 0,10—0,15 m tief in die Sohle eingelassen und in Abständen von 0,8—1,0 m durch Querhölzer und Heftpfähle festgehalten werden. Auch der Schutz der Abfallböden der Abstürze kann unter Wasser durch Strauchbettung geschehen. Zum Schutz des Böschungsfußes können bei steter Wasserbedeckung Faschinen verwendet werden. Das sind 0,2 bis 0,3 m starke walzenförmige Körper aus grünen Baumreisern, die durch Würgen zusammengepreßt und in Abständen von 0,3—0,6 m mit geglühtem Eisendraht gebunden werden. Sie werden am Ufer endlos hergestellt, in die Sohlenkanten eingelassen und mit Pflöcken befestigt.

Um bei der Unterhaltung der Gräben für alle Zeit sichere Anhaltspunkte für deren Tiefe zu haben, empfiehlt es sich, in allen einer starken Verkrautung ausgesetzten Gräben an den Gefällsbruchpunkten, an geeigneten Richtungspunkten und an den Einmündungen von Dränungen Sohlschwellen auf die planmäßige Höhe einzusetzen. Bei Gräben, die wegen großer Länge mit Hektometer- und Kilometersteinen versehen werden, kann es genügen, unterhalb diesen, dicht an der Sohlenkante Pfähle so einzurammen, daß ihre Oberfläche auf der Sollhöhe der Grabensohle liegt.

Stück 11. **Die Dränung**[1])

1. Begriffsbestimmung

Dränstränge sind unterirdische Wasserabzüge. Sie können entweder durch Aussparen eines Hohlraumes oder durch Herstellen von Abzugsleitungen aus Torf, Holz, Steinen oder Rohren auf der Sohle der zu ihrer Anlegung ausgehobenen Gräben gebildet werden, und man spricht je nach der Art der Ausführung von Erd-, Torf-, Klapp-, Faschinen-, Stangen-, Latten-, Holzkasten-, Stein- oder Rohrdränen. Die Rohrdräne sind wegen der Zuverlässigkeit ihrer Wirkung, ihrer glatten Abführung des Wassers und ihrer unbegrenzten Haltbarkeit als die vollkommenste und zweckmäßigste Ausführungsart der Dränstränge zu bezeichnen und kommen heute fast ausschließlich zur Verwendung. Bei der Fräsrillen- oder Schlitzdränung werden 5—10 cm weite mit einer sog. Rillenfräse hergestellte Bodenschlitze ganz oder teilweise mit einem durchlässigen Filterstoff wie Kies oder Splitt ausgefüllt (Näheres siehe **18.** 1942. 97).

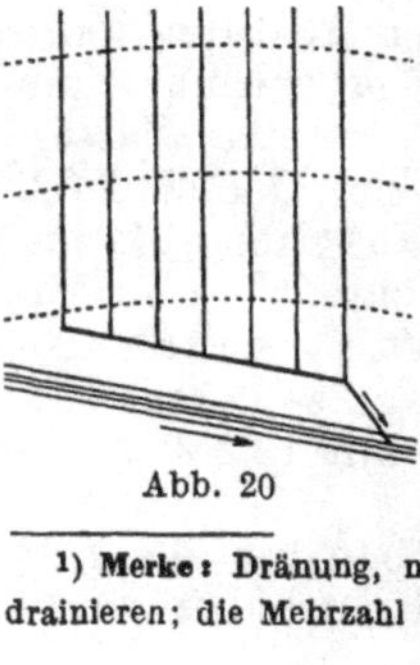

Abb. 20

Die Vereinigung einer Anzahl von Dränsträngen heißt Dränabteilung. Eine solche besteht aus

[1]) **Merke:** Dränung, nicht Drainage oder Drainierung; dränen, nicht drainieren; die Mehrzahl von Drän heißt Dräne, nicht Dräns.

Saugern, d. h. denjenigen Dränsträngen, welche, in der Regel gruppenweise parallel zueinander verlaufend, die eigentliche Entwässerung zu besorgen haben, und aus dem Sammler, in den die einzelnen Sauger einmünden und der das von diesen zugeführte Wasser sammelt, um es einem Hauptsammler oder dem Vorfluter zuzuführen.

Die Sauger können entweder in der Richtung des größten Geländegefälles — Längsdränung (Abb. 20) — oder quer zu ihm — Querdränung (Abb. 21) — angeordnet werden. In geneigtem Gelände gebührt der Querdränung zweifellos der Vorzug, denn sie vereinigt folgende Vorteile in sich:

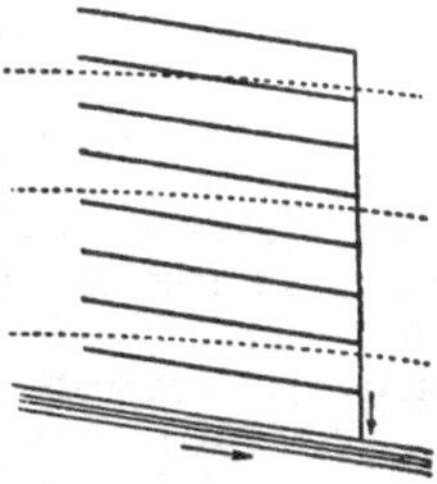

Abb. 21

a) Das etwa zudringende Schichtenwasser wird durch die quer zum Hang verlaufenden Sauger der Querdränung besser abgefangen als bei der Längsdränung. Dasselbe gilt von dem Teil des auf der Entwässerungsfläche selbst anfallenden Niederschlagswassers, der in der Richtung des größten Geländegefälles oberirdisch oder bei schwer durchlassendem Untergrund in der Ackerkrume abfließt. Bei der Längsdränung kann es sogar vorkommen, daß dieses Wasser nach wie vor zwischen den Dränsträngen abfließt und gar nicht in sie gelangt.

b) Bei der Querdränung kommen die Sammler in das größte Geländegefälle zu liegen, brauchen wegen ihres größeren Gefälles geringere Lichtweiten und erfordern daher geringere Kosten.

c) Bei der Querdränung sind die Sammler wegen ihres größeren Gefälles weniger der Verstopfung ausgesetzt. Dies ist deshalb sehr wichtig, weil durch die Verstopfung eines Sammlers weit größere Flächen in Mitleidenschaft gezogen werden als durch die eines Saugers.

Als Nachteil der Querdränung ist zu nennen, daß in flachem Gelände bei ihr die Sauger wegen des geringeren Gefälles schwerer herzustellen sind. Dieser Nachteil tritt jedoch hinter den großen Vorteilen der Querdränung ganz zurück.

In annähernd waagrechtem Gelände ergibt sich aus der Notwendigkeit, die Sauger in ein hinreichendes Gefälle zu legen, von selbst ein Übergang von der Querdränung über die Schrägdränung zur Längsdränung.

2. Die Wirkung des Dränens

Das Wasser tritt nicht etwa durch die Wandungen der Dränrohre, sondern durch deren Stoßfugen in die Dränstränge ein. Die stumpfen Stöße der Dränrohre bieten nämlich, selbst wenn sie so dicht als irgend möglich hergestellt werden, immer noch so weite Fugen, daß deren Gesamtdurchflußquerschnitt für den zwanglosen Eintritt des Wassers in die Dränstränge bei weitem ausreicht.

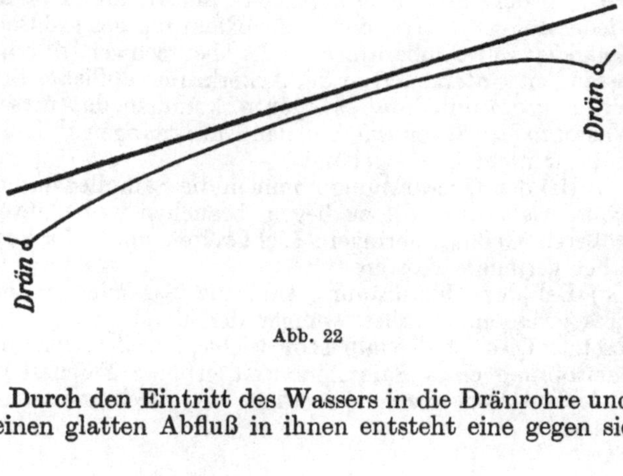

Abb. 22

Durch den Eintritt des Wassers in die Dränrohre und seinen glatten Abfluß in ihnen entsteht eine gegen sie gerichtete Wasserbewegung im Boden, infolge deren sich der Grundwasserspiegel zwischen den Dränsträngen nach einer gegen oben gewölbten Kurve einstellt. Der Scheitel der Grundwasserkurve befindet sich bei waagrechtem Gelände in der Mitte zwischen den Dränsträngen, bei zunehmender Geländeneigung aber nähert er sich rasch dem oberen Dränstrang (Abb. 22).

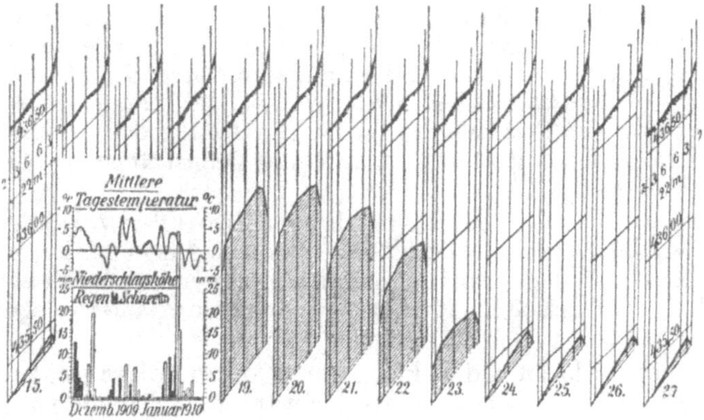

Abb. 23. Grundwasserstände in tonigem Lößlehmboden (Korngröße I=45,7%, II=43,5%, III 3,3%, IV 7,5%. Ca CO_3=3,2%) vom 15.—27. Januar 1910.

Die Abbildung 23 zeigt die Form und die Bewegung des Grundwasserspiegels, wie sie vom Verfasser in tonigem Lößlehmboden ein Jahr nach Ausführung der Dränung zur Zeit der Schneeschmelze beobachtet worden sind, und zwar sind die zwischen den Dränsträngen sich einstellenden Grundwasserkurven für jeden Tag in verkürzt gezeichneter Aufklappung hundertfach überhöht dargestellt und in gleichen Abständen aneinandergereiht.

Diese und zahlreiche andere Beobachtungen bestätigen die Ergebnisse der von Spöttle (**67**), Rothe (**60**) und anderen für vollkommen gleichmäßige Böden angestellten Berechnungen über die Einwirkung der Dränung auf den Grundwasserspiegel, die sich zu folgenden Leitsätzen zusammenfassen lassen:

a) Je schwerer der Boden ist, desto steiler steigt die Grundwasserkurve von den Dränrohren aus an und desto stärker ist infolgedessen ihre Wölbung. Mit demselben Dränabstand wird daher bei leicht durchlassenden Bodenarten eine gleichmäßigere Entwässerung des ganzen Feldes erzielt als bei schwer durchlassenden. Andererseits gestattet der flachere Verlauf der Grundwasserkurve zur Erzielung der gleichen Wirkung bei leichten Böden einen größeren Abstand der Dränstränge als bei schweren.

b) Je tiefer die Dränung, desto besser ist ihre Wirkung auf die Absenkung des Grundwasserspiegels in der Mitte zwischen den Dränsträngen, desto weiter können diese also zur Erzielung derselben Wirkung auseinandergelegt werden.

c) Je leichter die Bodenart ist, desto größer ist der Einfluß der Tiefenlage der Dränstränge auf deren entwässernde Wirkung.

d) Die Geschwindigkeit des Verlaufs der Entwässerung ändert sich bei gleichem Dränabstand im Verhältnis der Durchlässigkeit der entwässerten Bodenarten und nimmt sowohl mit der Verringerung des Dränabstands als auch mit der Vergrößerung der Dräntiefe zu.

In Böden mit schwer durchlässigem Untergrund üben auch die nur locker mit dem Aushub wieder eingefüllten Drängräben einen wesentlichen Einfluß auf die Entwässerung aus. Der in die Drängräben eingefüllte Boden behält nämlich jahrzehntelang sein lockeres Gefüge. Hierdurch erhält der Teil des Niederschlagswassers, der in der meist durchlässigen Ackerkrume auf dem schwer durchlässigen Untergrund oder auf der Pflugsohle abfließt oder oberirdisch abläuft, die Möglichkeit, in den Drängräben senkrecht zu den Dränsträngen abzusinken.

Wichtiger noch als die Einwirkung des Dränens auf den Grundwasserstand und auf die Ableitung des überschüssigen Wassers aus dem Boden ist bei allen schweren, dichtgelagerten Böden diejenige auf das Gefüge des Bodens. Nach den von zahlreichen Forschern an ausgeführten Dränungen vorgenommenen Untersuchungen kann man sich den Verlauf dieser Gefügeverbesserung etwa folgendermaßen vorstellen. Die fast unausgesetzt vor sich gehenden feinen Schwankungen des Luftdrucks rufen in dem lockeren Füllboden der Drängräben einen Luftumlauf hervor. Ferner entsteht durch die Einwirkung des Windes auf die im Droännetz eingeschlossene Luft vom Dränauslauf her in den Dränsträngen eine stoßweise, bald nach innen, bald nach außen gerichtete Luftbewegung, die sich auch den Drängrabenfüllungen mitteilt. Endlich strömt an heißen Tagen kalte Luft dem Gesetz der Schwere folgend aus den Sammlern aus und saugt warme Luft in die Drängrabenfüllungen nach, wogegen umgekehrt bei Nacht die Luft in die Dränstränge einströmt. Der durch diese Erscheinungen hervorgerufene Luftumlauf steigert die Verdunstung in den Drängrabenfüllungen und führt zu einer von den Drängräben nach der Mitte zwischen ihnen fortschreitenden Austrocknung des Bodens. Infolge dieser Austrocknung entsteht ein Netz feiner Risse und Spalten im Boden, durch die dieser bei richtiger Wahl der Tiefe und des Abstands der Dränstränge bis zu deren Tiefe aufgelockert und den Hauptwachstumsfaktoren, der Luft, der Wärme und dem Niederschlagswasser, zugänglich gemacht wird. Durch den Zutritt der Luft und ihre Wechselwirkung mit Wasser im Boden werden die in ihm vorhandenen Pflanzennährstoffe aufgeschlossen und in einen für die Pflanzenwurzeln aufnehmbaren Zustand übergeführt. Hierdurch und durch die Absenkung des Grundwasserstands werden die Pflanzenwurzeln veranlaßt, tiefer in den Boden einzudringen, um sich die Nährstoffe tieferer Bodenschichten zunutze zu machen. Die durch das Verrotten der Wurzeln im Boden entstehenden feinen Gänge vermehren seine Durchlässigkeit. Ferner können Regenwürmer, Tausendfüßler, Asseln und andere Tiere tiefer in den Boden gelangen und durch ihre Tätigkeit zu seiner Auflockerung beitragen. Auch der Frost dürfte auflockernd auf den gedränten Boden einwirken, weil sich dieser in der Richtung auf die durch das Aufgraben und lose Wiedereinfüllen dauernd gelockerten Drängräben auszudehnen vermag.

Weiter hat die Untersuchung gedränter Böden ergeben, daß die Bodenkolloide durch das Sickerwasser sowohl nach der Tiefe als auch nach den Dränen zu ausgewaschen und in diesen zum Teil abgeschwemmt werden. Dies führt zu einer Vergrößerung des Porengehalts und damit zu einer Erhöhung der Durchlässigkeit des Bodens, die mit der Zeit von den Dränsträngen gegen die Mitte zwischen ihnen fortschreitet. Auch fördert der durch die Dränung bewirkte häufige Wechsel zwischen Austrocknung und Wiederbefeuchtung, zwischen Schwinden und Schwellen die Ausflockung der Bodenkolloide und führt so den Boden aus dem Zustand des Einzelkorngefüges in den des Krümelgefüges über. Letzteres bedeutet aber, wie wir in Stück 2 gesehen haben, ebenfalls eine Vergrößerung des Porengehalts und damit des Lufthaltevermögens des Bodens. Beispiele aus Westpreußen, aus der hessischen Wetterau und aus Böhmen beweisen, daß selbst Böden, die nicht unter Nässe leiden, wegen der durch die Dränung bewirkten besseren Durchlüftung für diese sehr dankbar sind.

Um die Durchlüftung des Bodens zu verstärken, ist schon mehrfach der Versuch gemacht worden, durch die sog. Durchlüftungsdränung einen lebhafteren Luftwechsel in den Dränsträngen zu erzeugen. Zu diesem Zwecke werden die Sauger an ihrem oberen Ende durch einen Verbindungsstrang zusammengefaßt und an der höchsten Stelle durch senkrechte Rohrstutzen mit der Außenluft in Verbindung gebracht (Abb. 24). Diese Rohrstutzen werden so ausgebildet, daß sie sowohl gegen Beschädigung als auch gegen mutwilliges Einführen von Fremdkörpern möglichst geschützt sind. Sie werden demgemäß entweder aus 40 mm weiten, an ihrem oberen Ende halbkreisförmig umgebogenen schmiedeeisernen Rohren hergestellt (Abb. 25) oder bei Verwendung von Tonrohren durch besondere hölzerne Luftzuführungsschächte geschützt (Abb. 26). Näheres über die

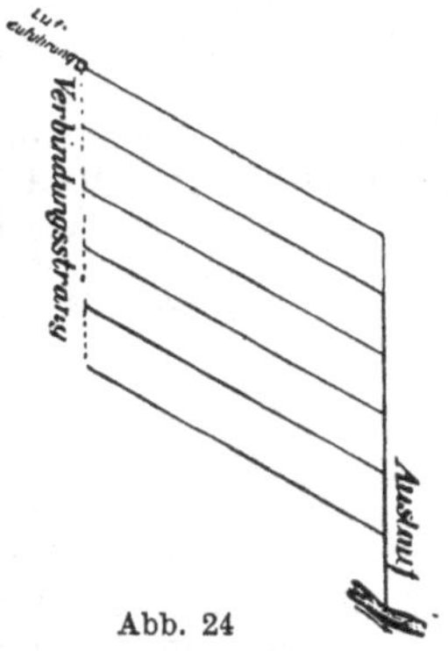

Abb. 24

Abb. 25

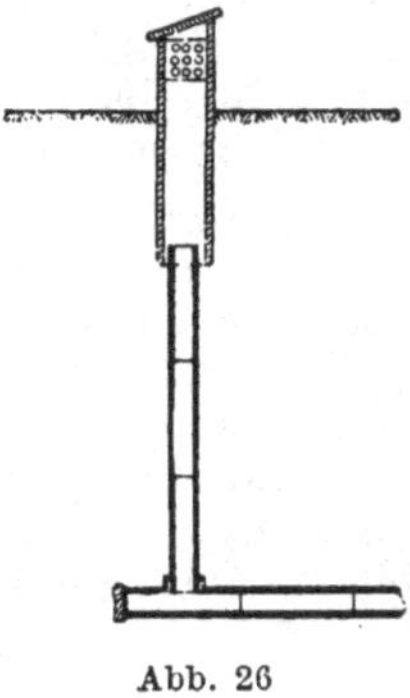
Abb. 26

Herstellung solcher Luftzuführungsschächte s. **45**. 1911. 279. Für stark eisenhaltige Böden ist die Durchlüftungsdränung nicht geeignet, weil in diesen eine vermehrte Luftzufuhr die Bildung von Eisenocker begünstigt und damit die Gefahr der Verstopfung der Dräne erhöht. Im übrigen fehlt bis jetzt noch der Nachweis, daß die Durchlüftungsdränung eine Ertragssteigerung bewirkt.

Eher scheint es möglich zu sein, die beschriebene Einrichtung in Geländesenken oder auf Rieselfeldern als Entlüftungsdränung zu verwenden. Dort kann bei starkem Wasserzudrang die Luft im Boden und in den vollaufenden Sammlern unter Spannung geraten und dadurch der Wasserabfluß beeinträchtigt werden. Wenn man aber der gespannten Grundluft durch die Rohrstutzen am oberen Ende der Dränabteilung Abzug verschafft, so kann dadurch die Versickerung erleichtert und der Wasserabfluß beschleunigt werden.

2. Die Dräntiefe

Unter Dräntiefe versteht man den Abstand zwischen der inneren Dränrohrsohle und der Geländeoberfläche. Da die Dränrohre zum Schutz gegen das Verschieben im allgemeinen etwa um Wandstärke in die Drängrabensohle eingelassen werden (s. S. 103), also Dränrohrsohle und Drängrabensohle meist gleich hoch liegen, so entspricht die Dräntiefe in der Regel auch dem Abstand zwischen der Drängrabensohle und der Geländeoberfläche. Die Dräntiefe richtet sich nach den im Dränungsgebiet angebauten Pflanzen und nach seinen Boden- und Klimaverhältnissen. Auf Ackerfeld ist im allgemeinen anzuwenden:

seichte Dränung (0,8—1,0 m) in sehr schweren Böden regenreicher Gegenden, wo es darauf ankommt, die langsam versickernden Niederschläge rasch abzuführen, und in Gebieten, in denen es gilt, durch rasche Abtrocknung und Erwärmung des Bodens im Frühjahr eine zeitige Feldbestellung zu ermöglichen und den Wachstumsbeginn zu beschleunigen, ferner in Sandböden, wo die Gefahr allzugroßer Austrocknung besteht;

mittlere Dränung (1,0—1,2 m) in nährstoffarmen, dichtgelagerten, schlecht gelüfteten, eisenhaltigen schweren bis mittelschweren Böden, in denen es hauptsächlich auf eine Verbesserung der Durchlüftung ankommt;

tiefe Dränung (1,2—1,3 m) in mittelschweren Böden mit nährstoffreichem Untergrund.

Die kleineren Grenzwerte gelten für niederschlagsreiche Gegenden mit rauhem Klima, für nährstoffarme Böden, für einen geringen Grad der Bodennutzung und für Dränungen mit mangelhafter Vorflut.

Eine Vergrößerung der Dräntiefe empfiehlt sich beim Anbau tiefwurzelnder Pflanzen in tiefgründigen mittelschweren Böden mit nährstoffreichem, insbesondere kalkreichem, zur Krümelung neigendem Untergrund, um den Pflanzenwurzeln auf eine möglichst große Tiefe die im Boden ruhenden Schätze an Nährstoffen zugänglich zu machen und um den Boden durch Krümelung der tieferen Schichten in den Stand zu setzen, größere Feuchtigkeitsmengen unschädlich zurückzuhalten und für trockene Zeiten aufzuspeichern; und zwar empfiehlt sich beim Anbau von Zuckerrüben, Runkeln, Luzerne, Esparsette, Klee, Erbsen, Raps und Wein eine Dräntiefe von 1,3—1,5 m, bei Hopfen eine solche von 1,5—1,8 m. Auch ist bei tiefer Dränung die Gefahr des Auswaschens des Salpeterstickstoffs weit geringer als bei seichter, da, wie die Rothamsteder Lysimeterversuche gezeigt haben, der Verlust an Stickstoff im Dränwasser mit der Dräntiefe rasch abnimmt (11,5%, 6%, 5,3% bei 0,5 m, 1,0 m, 1,5 m Tiefe).

Eine besonders tiefe Lage kann endlich bei Fang- und Kopfdränen erforderlich werden, wenn die wasserführende Schicht mächtig ist und die undurchlässige Schicht, auf die zum vollständigen Abfangen des zudringenden Schichtenwassers unbedingt hinabgegangen werden muß (s. S. 68), tief liegt.

Steht sehr schwerer Boden in mehr als 0,9 m Tiefe an, so lohnt es sich bei Volldränung nicht, die Dräne in ihn einzuschneiden, weil dadurch die Dränwirkung nicht erhöht wird. Findet sich dagegen im tieferen Untergrund eine wasserführende sandige Bodenart, so sind die Dräne womöglich in sie zu legen.

Auf Wiesen und Weiden genügt an sich eine Dräntiefe von 0,7—1,0 m, weil sich dort die Wurzeln hauptsächlich in den oberen Bodenschichten ausbreiten. In grundwasserreichen Lagen, in denen die Dräne häufig längere Zeit Wasser führen, empfiehlt es sich jedoch auch in Grünland, mindestens 0,9 m tief zu dränen, weil hier die, wenigstens in der ersten Zeit nach der Dränung noch vorhandenen, tief wurzelnden Sauergräser und Unkräuter, wie Binsen, Schachtelhalm, Sauerampfer, Hahnenfuß, Knöterich und Schilf leicht in die Dränstränge einwachsen.

In sehr flachem Gelände kann es mitunter vorkommen, daß den Saugern das erforderliche Gefälle nur dadurch gegeben werden kann, daß sie mit sog. künstlichem Gefälle angelegt werden, d. h., daß sie gegen ihr oberes Ende sich mehr und mehr der Geländeoberfläche nähern (Abb. 27). Die Dräntiefe darf jedoch keinesfalls das Mindestmaß von 0,7 m unterschreiten.

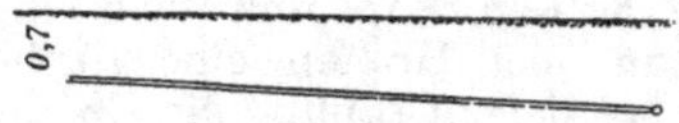

Abb. 27

Bei Dräntiefen unter 1,0 m empfiehlt es sich, besonders bei leichteren Bodenarten, Vorkehrungen gegen das Einwachsen der Pflanzenwurzeln in die Dränstränge zu treffen. Am einfachsten werden zu diesem Zweck die völlig trockenen Rohre mehrmals mit den Enden etwa 2 cm tief in Karbolineum Avenarius eingetaucht, wobei jedoch die Rohre erst verlegt werden dürfen, wenn das Schutzmittel trocken geworden ist; oder man umgibt die Stoßfugen der Dräne nach dem Verlegen mit einem mindestens 10 cm starken Wulst aus Kohlenschlacke, feinem, reinem Kies oder Boden, der in trockenem Zustand unter ständigem Umschaufeln mit Karbolineum überbraust worden ist.

Auch kann es vorkommen, daß die Sammler an der Ausmündung aus Mangel an Gefälle nur seicht verlegt werden können. Hier kann neben den genannten Vorsichtsmaßregeln gegen das Verwachsen ein vollständiges Dichten der Fugen durch Verwendung von Muffenrohren in Frage kommen. Vor allem aber dürfen auf diesen Strecken keine Sauger mehr in die Sammler einmünden. Wird die Überdeckung der Sammler, d.i. die Tiefe des äußeren Rohrscheitels unter der Geländeoberfläche bei Verwendung von Dränrohren kleiner als 0,9 m und bei Verwendung gedichteter Muffenrohre kleiner als 0,7 m, so sind die Sammler durch offene Gräben zu ersetzen oder zur Sicherung gegen Frost derart mit Boden zu überdecken, daß überall mindestens die genannten Überdeckungshöhen vorhanden sind.

4. Der Dränabstand

Der Achsabstand der Dränstränge ist so zu bemessen, daß das überschüssige Wasser rechtzeitig und möglichst gleichmäßig aus der gedränten Fläche abgeführt und der Boden in ihr hinreichend aufgelockert und durchlüftet wird.

Als Grundlage für die Wahl des Dränabstandes in mineralischen Böden[1]) hat der Deutsche Ausschuß für Kulturbauwesen die in Abb. 28 zeichnerisch dargestellten Beziehungen zwischen Bodenbeschaffenheit, Dräntiefe und Dränabstand aufgestellt. Sie gelten für Ackerdränungen bei gleichmäßigen Bodenverhältnissen, bei 600 mm mittlerem Jahresniederschlag, bei einem Geländegefälle unter 2% und bei regelrechter Ausführung als Quer- oder Schrägdränung. Die Gewichtsanteile an den Korngrößen unter 0,02 mm und unter 0,002 mm, die Hygroskopizität und die Benetzungswärme der verschiedenen Bodenarten (s. die Tafel auf S. 38) sind in waagrechter Richtung und die zugehörigen Dränab-

[1]) Über die Wahl des Dränabstandes in Moorböden s. Teil II, Seite 94.

Abb. 28

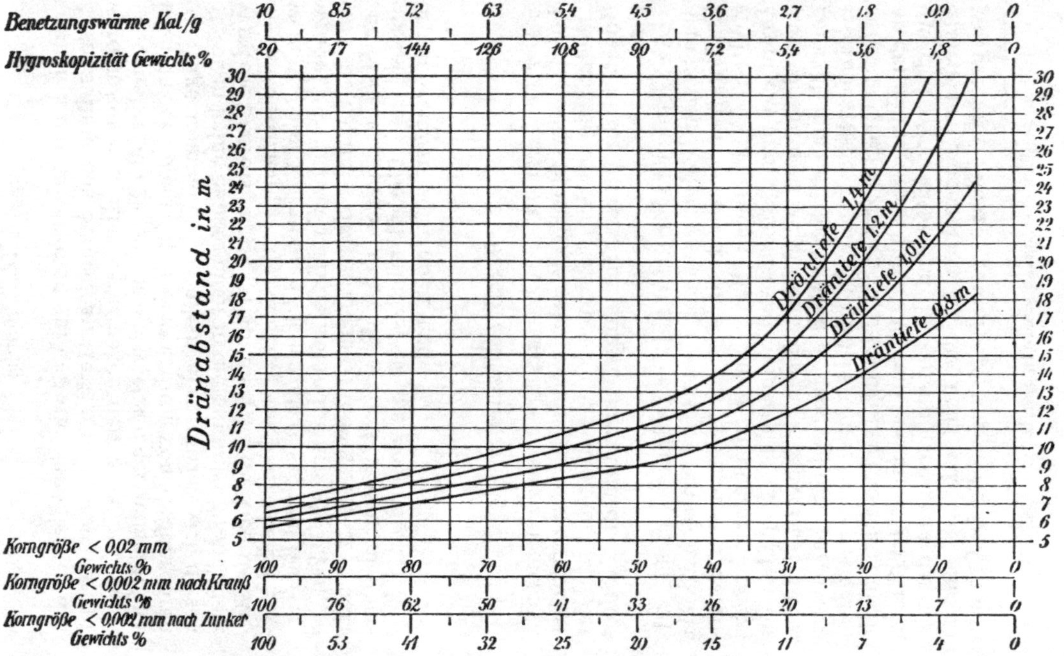

Benetzungswärme Kal/g
10 8,5 7,2 6,3 5,4 4,5 3,6 2,7 1,8 0,9 0
Hygroskopizität Gewichts %
20 17 14,4 12,6 10,8 9,0 7,2 5,4 3,6 1,8 0
Dränabstand in m
5 6 7 8 9 10 11 12 13 14 15 16 17 18 19 20 21 22 23 24 25 26 27 28 29 30
Dräntiefe 1,4 m
Dräntiefe 1,2 m
Dräntiefe 1,0 m
Dräntiefe 0,8 m
Korngröße < 0,02 mm Gewichts %
100 90 80 70 60 50 40 30 20 10 0
Korngröße < 0,002 mm nach Krauß Gewichts %
100 76 62 50 41 33 26 20 13 7 0
Korngröße < 0,002 mm nach Zunker Gewichts %
100 53 41 32 25 20 15 11 7 4 0

stände für die Dräntiefen 0,8 m, 1,0 m, 1,2 m und 1,4 m in senkrechter Richtung aufgetragen, so daß für jedes der fünf auf S. 27—31 beschriebenen Bodenuntersuchungsverfahren und für jede der vier Dräntiefen die unter den oben angegebenen Verhältnissen angemessenen Dränabstände abgelesen werden können. Bei vergleichenden Untersuchungen, die *Busch* in neuerer Zeit durchführte, kamen die Ermittelungen der Dränabstände über die Korngrößen unter 0,02 mm der Wirklichkeit am nächsten.

Die aus Abb. 28 abgelesenen Dränabstände dürfen nun aber *nicht schablonenhaft* angewendet werden, sondern bedürfen meist noch der Anpassung an die örtlichen Verhältnisse. Dabei sind außer Änderungen der Kulturart, der Niederschlagshöhe, der Geländeneigung und der Dränungsweise, auch der Fremdwasserzufluß, die natürliche Dränung, die Lagerungsdichte und die Schichtenfolge des Bodens sowie sein Gehalt an Kalk, Eisen, Natrium, Humus und an Korngröße II zu berücksichtigen. Als Anhalt können hierbei die folgenden Angaben dienen:

a) Bei *Grünland* sind die aus Abb. 28 sich ergebenden Dränabstände (im folgenden kurz Tafelwerte genannt) zu *vergrößern*

	auf Wiesen	auf Weiden
in Tonen (über 60% Kgr. I) um .	30%	10%
in Lehmen (60—25% Kgr. I) um	30—50%	10—20%
in Sanden (unter 25% Kgr. I) um	50—100%	20—50%

b) Für *Niederschlagshöhen* N, die von dem der Kurventafel zugrundeliegenden mittleren Jahresniederschlag von 600 mm abweichen, wird der Dränabstand E_N mit der Formel

$$E_N = E \cdot \sqrt[3]{\frac{600}{N}} \tag{12}$$

berechnet.

c) Eine vermehrte *Geländeneigung* ist lediglich bei nach Süden geneigten Hängen zu berücksichtigen, und zwar ist hier der Tafelwert zu vergrößern bei Gefällen von 2—8% um 10%, bei Gefällen von mehr als 8% bis um 20%.

d) Bei Fremdwasserzufluß infolge häufiger Überschwemmung ist eine Verringerung des Tafelwerts bis um 20%, in quelligem oder Schichtenwasser führendem Boden, der nicht durch Einzeldräne entwässert werden kann, eine Verringerung bis um 30% angezeigt.

e) Natürliche Dränung, d. h. das Vorkommen sandiger oder kiesiger Adern im Untergrund, ist je nach ihrer Stärke durch einen Zuschlag von 10—50% zum Tafelwert zu berücksichtigen. Überwiegen in diluvialen Moräneböden die leichteren Bodenarten, so ist der Tafelwert nach diesen zu bestimmen und je nach der Häufigkeit und Beschaffenheit der Einsprengungen von schweren Bodenarten um 10—15% zu verringern.

f) Der Lagerungsdichte wird dadurch Rechnung getragen, daß der Tafelwert bei sehr dicht gelagerten Böden um 20% verringert, bei locker gelagerten dagegen um 10% erweitert wird.

g) Bei einem Kalkgehalt über 20% kann der Tafelwert vergrößert werden in Tonen, tonigen und gewöhnlichen Lehmen (über 40% Korngröße I) bis um 10%, in sandigen Lehmen (40—25% Korngröße I) um 10 bis 15%.

h) Ein beträchtlicher Gehalt an Eisen und Natrium bedingt eine Verringerung des Tafelwerts in Sanden (unter 25% Korngröße I) um 5%, in Lehmen und Tonen (über 25% Korngröße I) um 5—20%.

i) Bei hohem Humusgehalt ist der Tafelwert in Sanden (unter 25% Korngröße I) bis um 10% zu verringern, in tonigen Lehmen und Tonen (über 50% Korngröße I) bis um 5% zu vergrößern.

k) Wo ausnahmsweise Längsdränung angewendet werden muß, ist der Tafelwert um 10% zu verringern.

Weiter ist bei der Bestimmung des Dränabstandes folgendes zu beachten:

Wird der Dränabstand aus der Korngröße I (unter 0,02 mm) berechnet, so ist in sandigen und gewöhnlichen Lehmen mit 30—50% Korngröße I auch der Gehalt an Korngröße II (0,05—0,02 mm) zu berücksichtigen, und zwar ist es bei einem Überwiegen der Korngröße II um 15% bis zu einer Unterschreitung der Korngröße I durch die Korngröße II um 5% angezeigt, den Tafelwert um 35—7% zu vergrößern (Abb. 29).

Bei der Berechnung des Dränabstandes aus der Hygroskopizität entfallen die Zuschläge g—i, bei seiner Berechnung aus der Benetzungswärme die Zuschläge g und h.

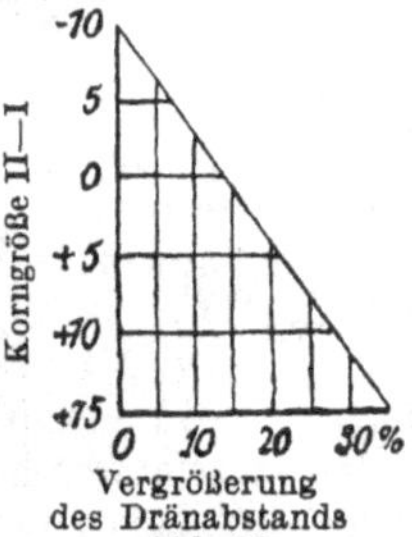

Abb. 29

Bei mittleren und schweren Böden soll nach Möglichkeit eine Korngrößen- und eine Kornoberflächenbestimmung durchgeführt (s. S. 31) und das Mittel aus den nach beiden Verfahren berechneten Dränabständen genommen werden.

Bei verschieden geschichteten Böden ist der Dränabstand nach dem Verhältnis der Stärke der einzelnen Schichten als Durchschnittszahl mit der Formel

$$E = \frac{E_1 h_1 + E_2 h_2 + E_3 h_3 + \cdots\cdots}{h_1 + h_2 + h_3 + \cdots\cdots} \tag{13}$$

zu berechnen, worin $E_1, E_2, E_3 \ldots$ die Dränabstände der einzelnen Schichten und $h_1, h_2, h_3 \ldots$ ihre Dicke bedeuten. Die mit der Potential-Theorie (**8**) errechneten Linien der Grundwasserströmung im gedränten Boden legen die Vermutung nahe, daß zur Bestimmung des Dränabstands auch die Kornzusammensetzung der unter dem Drän gelegenen Bodenschichten herangezogen werden sollte. Man ist deshalb in neuerer Zeit dazu übergegangen, zur Ermittlung des Dränabstandes die Bodenschichten bis 25 cm unter Drängrabensohle heranzuziehen.

Die Anwendung der Kurventafel Abb. 28 und der vorstehenden Grundsätze möge am folgenden Beispiel erläutert werden:

Aufgabe. In einer Gegend mit 700 mm mittlerem Jahresniederschlag soll ein mit 6% gegen Süden geneigtes Ackergelände von durchaus gleichartiger Bodenbeschaffenheit gedränt werden, weil es für den in der Gemeinde herrschenden Zuckerrübenbau sich nicht als geeignet erwiesen hat. Die Bodenuntersuchung ergab einen Lehmboden mit 44% der Korngröße I und 50% der Korngröße II und einen Gehalt von 25% kohlensauren Kalkes. Welche Tiefe und welcher Abstand ist für die Dränstränge zu wählen?

Lösung. Mit Rücksicht auf den beabsichtigten Anbau von Zuckerrüben, den Kalkgehalt des Bodens, die mäßige Niederschlagshöhe und die sommerliche Lage des Dränungsgebiets ist die Dräntiefe zu 1,4 m zu wählen. Für diese Dräntiefe und 44% der Korngröße I ergibt die Abb. 28 einen Tafelwert von 13,0 m. Hieraus errechnet sich für den mittleren Jahresniederschlag von 700 mm aus der Formel (12) ein Dränabstand von

$$E_{700} = 13{,}0 \cdot \sqrt[3]{\frac{600}{700}} = 12{,}3\,m.$$

Zu diesem sind folgende Zuschläge zu machen: wegen der Geländeneigung von 6% gegen Süden nach c: 10%; wegen des Kalkgehalts von 25% nach g: 10% und wegen des Überwiegens der Korngröße II über die Korngröße I um + 6% nach Abb. 29: 22%. Der endgültige Dränabstand ergibt sich hiernach zu

$$12{,}3\,(1 + 0{,}10 + 0{,}10 + 0{,}22) = 17{,}5\,m.$$

5. Die Berechnung der Dränrohrweiten

Die der Berechnung der Dränrohrweiten zugrunde zu legenden Sickerwasserspenden (spezifischen Sickerwassermengen), d. h. die Sickerwassermengen, welche von der Flächeneinheit des zu entwässernden Geländes in der Zeiteinheit abzuführen sind, hängen neben der

Durchlässigkeit des Bodens und den für die Wasserverdunstung maßgebenden Umständen in erster Linie von der Neigung der Geländeoberfläche und von den örtlichen Niederschlagsverhältnissen ab. Diese letzteren werden denn auch zweckmäßig als erste Grundlage der Berechnung der Sickerwasserspenden verwendet. Da sich erfahrungsgemäß die größten Dränwassermengen zur Zeit der Schneeschmelze ergeben, so wird zur Berechnung der Sickerwasserspenden angenommen, daß die in den Monaten Dezember bis März auf dem Entwässerungsgebiet fallenden Niederschläge innerhalb 14 Tage abzuführen seien, soweit sie nicht oberflächlich abfließen oder verdunsten. Die in den einzelnen Monaten sich ergebenden durchschnittlichen örtlichen Niederschlagshöhen lassen sich den Jahrbüchern der Landeswetterwarten entnehmen, während der Hundertsatz des versickernden Wassers nach Nielsen für mittelschwere Böden (40 bis 50% Kgr. I) je nach der Geländeneigung wie folgt angenommen werden kann:

Bei einer Geländeneigung von	fließen vom viermonatigen Niederschlag durch die Dräne in 14 Tagen ab
0— 2%	50%
2— 8%	45%
8—14%	40%
14—20%	35%
über 20%	30—20%

Wurde also z. B. für ein Entwässerungsgebiet, dessen Neigung durchschnittlich 1% beträgt, für die genannten 4 Monate die Niederschlagshöhe zu 145 mm ermittelt, so berechnet sich die vom Hektar abzuführende Sickerwassermenge zu

$$\frac{145 \cdot 0{,}5 \cdot 10000}{14 \cdot 24 \cdot 60 \cdot 60} = 0{,}60 \text{ l/s.}$$

Für schwere Böden (über 50% Kgr. I), insbesondere für Böden mit schwerer Krume, sind die so gefundenen

Werte bis um 20% zu vermindern, wogegen für leichtere Böden (unter 40% Kgr. I) eine Vermehrung bis um 10% angezeigt ist. Auch ist beim Zudringen von fremdem Schichtenwasser ein Zuschlag zu machen, der sich nach den bei der Bodenaufnahme in den Schürfgruben gemachten Beobachtungen (s. S. 22) richtet und im allgemeinen 20—50% beträgt.

Die Dränstränge sind so zu bemessen, daß sie die zufließende Sickerwassermenge gerade aufzunehmen vermögen. Sie sollen daher höchstens vollaufen, nicht aber unter Druck stehen und sind deshalb nicht als Druckrohrleitungen, sondern als offene Leitungen zu berechnen, d. h. das der Berechnung zugrunde zu legende Wasserspiegelgefälle ist stets gleich dem Sohlengefälle zu wählen.

Zur Berechnung dienen die auf S. 71 und 72 genannten Formeln (8), (9) und (11), wobei jedoch die Rauhigkeitszahl mit Rücksicht auf die Rauhigkeit der Rohrwandungen, die Abweichung der Rohre von der Kreisform, die beim Verlegen vorkommenden Unregelmäßigkeiten und die durch den Eintritt des Wassers an den Stoßfugen verursachten Widerstände zu $m = 0{,}27$ anzunehmen ist.

Zur möglichsten Vereinfachung der Berechnung sind die mit diesen Formeln erhaltenen Rechnungsergebnisse für Rohrweiten von 4—25 cm in der Tafel Abb. 30 zeichnerisch dargestellt und in Beziehung zu der bei Sickerwasserspenden von 0,3—3,0 l/s auf das Hektar entwässerter Fläche gesetzt. Soll z. B. für eine Fläche von 10 ha, deren Sickerwasserspende zu 0,6 l/s auf das Hektar festgestellt wurde, ein Sammelstrang mit 2,5% Gefälle angelegt werden, so hat man zur Bestimmung der erforderlichen Dränrohrweite nur die der Sickerwassermenge 0,6 l/s ha entsprechende Linie des linksseitigen Tafelteils aufzusuchen, sie bis zum Schnitt mit der senkrechten Flächenlinie von 10 ha zu verfolgen und nun in waagrechter Richtung nach rechts zu gehen, bis man auf die senkrechte Gefällslinie von 2,5% trifft. Hierbei gelangt man zwischen die schräg nach rechts oben verlaufenden Linien der Rohrweiten 9 und 10 cm, d. h. es würde eine zwischen diesen Lichtweiten gelegene Rohrweite den gewünschten Zweck bereits erfüllen. Da man sich jedoch nach den handelsüblichen Maßen zu richten hat, so ist im vorliegenden Fall eine Rohrweite von 10 cm zu wählen. Verfolgt man die Gefällslinie von 2,5% bis zum Schnitt mit der Linie der Rohrweite 10 cm, so ersieht man aus dessen Lage zu den schräg nach rechts unten verlaufenden Linien der mittleren Geschwindigkeiten, daß in dem vollaufenden Dränrohr von 10 cm Lichtweite bei 2,5% Gefälle eine Geschwindigkeit von 0,93 m/s vorhanden ist. Wird dieser Schnittpunkt andererseits in waagrechter Richtung nach links übertragen, bis zum Schnitt mit der Sickerwasserlinie von 0,6 l/s, so ergibt sich aus der Lage des letzteren zu den senkrechten Flächenlinien, daß das vollaufende Dränrohr von 10 cm Lichtweite bei 2,5% imstande ist, eine Fläche von 12,1 ha zu entwässern.

6. Die Planaufstellung

Dem Entwurf der Dränungen werden die nach S. 17 bis 19 hergestellten Höhenlinienpläne zugrunde gelegt, in die zur Erleichterung der Einteilung der Dränabteilungen zweckmäßig noch die Wasserscheiden eingezeichnet werden. Da die Ausmündungen in die Vorfluter wegen der Verstopfungsgefahr stets schwache Punkte der Dränungen sind, so ist deren Zahl möglichst zu beschränken. Dies darf jedoch andererseits nicht dazu verführen, allzugroße Dränabteilungen zu entwerfen, da solche unwirtschaftlich weite Sammler bedingen. Das Dränwasser wird entweder unmittelbar oder bei niedrigem Vorland mittels eines Stichgrabens in den Vorfluter eingeleitet. Die Einleitungen sind an Stellen zu legen, die weder dem Abbruch, noch der Verlandung, noch dem Rückstau von Dolen, Durchlässen oder Furten ausgesetzt sind; auch hat die Einführung stets schräg in der Fließrichtung des Vorfluters zu erfolgen und darf niemals gegen sie gerichtet sein.

Die Sauger sind grundsätzlich quer oder schräg zum größten Geländegefälle anzuordnen. Sie sollen gruppenweise gleichlaufend sein. Ändert sich die Geländeform, so muß sich auch die Saugerrichtung ändern. Die Sauger einer Abteilung dürfen nicht gebrochen werden. Nötigenfalls sind durch Einschalten eines Zwischensammlers zwei Dränabteilungen zu bilden. Die Sauger sollen nicht unter sehr spitzem Winkel in die Sammler eingeführt werden. Auch dürfen nicht an derselben Stelle Sauger von rechts und links in die Sammler einmünden. Ferner ist beim Entwurf der Sauger das Augenmerk darauf zu richten, daß sie im Ackerland schräg zur Furchenrichtung verlaufen, um mit ihnen auch das in den Furchen abfließende Tagwasser abzufangen (s. S. 75).

Bei Quer- und Schrägdränung soll die Länge der Sauger im allgemeinen 200 m nicht überschreiten. In Böden, die zu Rutschungen neigen, ist sie auf etwa 150 m und bei künstlichen Gefällen sowie in stark eisenhaltigen Böden auf 100 m zu beschränken. Bei der Längsdränung soll die Saugerlänge nicht über 150 m betragen. Die Sauger sind an ihrem oberen Ende an die benachbarten Sammler bis auf halbe Strangentfernung und an die Grenze der dränungsbedürftigen Fläche bis auf ein Drittel der Strangentfernung heranzuführen. Sie können in der Regel ohne weiteres auf Grund der Höhenlinien entworfen werden.

Für die Sammler dagegen sind stets Längenschnitte aufzutragen. Grundsatz beim Entwerfen der Sammler ist, das Wasser auf möglichst kurzem Wege dem Vorfluter zuzuführen, soweit dies die Geländeverhältnisse gestatten. Ferner sind die Sammler zwecks dauernder Reinhaltung, wo immer möglich, so anzulegen, daß die Wassergeschwindigkeit in ihnen gegen unten nicht abnimmt. Auch dürfen sie in Geländeeinschlägen, die zeitweise größere Tagwassermengen abzuführen haben, nicht in die tiefste Linie gelegt werden, sondern sind etwas seitlich anzuordnen, damit sie nicht der Gefahr der Auswaschung ausgesetzt sind. Wird ein Sammler zur Vermeidung unwirtschaftlich großer Rohrweiten in zwei Stränge kleineren Querschnitts zerlegt, so sind beide in getrennten Gräben mit Saugerabstand nebeneinanderher zu führen und erst kurz vor der Ausmündung zu vereinigen. Die Herstellung sog. Doppeldräne, d. h. das Verlegen zweier Rohrstränge in einem Drängraben ist unter allen Umständen zu vermeiden, da sich hierbei erfahrungsgemäß einer von beiden rasch verstopft.

Um zu verhindern, daß sich die durch die Stoßfugen in die Dränrohre eindringenden Sand- und Schlammteilchen und die im Dränwasser sich ausscheidenden Kalk- und Eisenverbindungen in den Dränrohrleitungen ablagern und sie verstopfen, ist deren Gefälle stets so zu wählen, daß die Wassergeschwindigkeit der vollaufenden Rohre groß genug ist, um diese Teilchen mitzureißen. Die hierzu erforderliche Mindestgeschwindigkeit beträgt 0,15 m, besser werden jedoch 0,20 m gewählt. Im Triebsand sollte sie nicht unter 0,35 m betragen. Ein Blick auf Abb. 30 zeigt jedoch, daß bei Rohren mit 5 cm Durchmesser, wie sie zu den Saugern in Triebsand stets zu verwenden sind, eine Geschwindigkeit von 0,35 m sich erst bei einem Gefälle von 1,14% einstellt. Man wird daher in Triebsand häufig zu künstlichem Gefälle (s. S. 84) oder zum Umhüllen der Stoßfugen mit Schlacke, Moos, Torfmull oder ähnlichen filterartig wirkenden Stoffen greifen müssen, um die Dränstränge vor dem Versanden zu schützen.

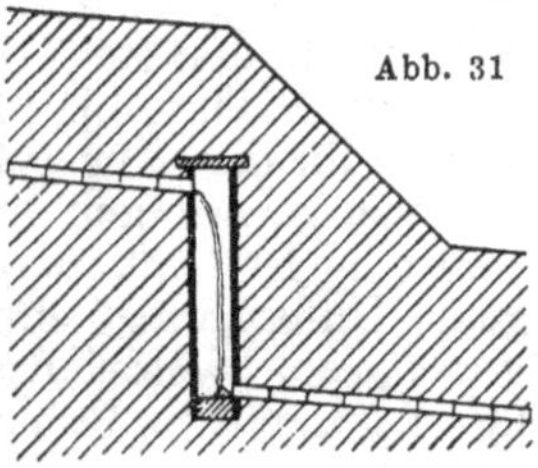

Abb. 31

Umgekehrt darf aber die in den Rohrleitungen vorhandene Wassergeschwindigkeit wegen der Gefahr der Unterspülung auch nicht zu groß werden. Die zulässige Höchstgeschwindigkeit ist selbstverständlich je nach der Bodenbeschaffenheit verschieden. Man tut jedoch gut daran, größere Wassergeschwindigkeiten als 1,0 m zu vermeiden und die Sammelstränge zu diesem Behufe lieber in gebrochener Linie schräg am Hang herabzuführen. Muß ein Sammler über einen kurzen Steilhang heruntergeführt werden, so kann es zur Vermeidung allzugroßer Geschwindigkeiten zweckmäßig sein, einen Absturzschacht einzubauen (Abb. 31). Hierzu eignen sich besonders senkrecht gestellte Beton- oder Steinzeugrohre, welche unten ausbetoniert und oben mit einer Stein- oder Betonplatte abgedeckt werden.

Mit Rücksicht auf die Schwierigkeit der Ausführung sollten bei längeren Dränsträngen Gefälle von weniger als 0,2% vermieden werden; solche von 0,1% können nur in seltenen Ausnahmefällen noch zugelassen werden. In der Regel sind jedoch bei so geringen Gefällen offene Gräben vorzuziehen.

In eisen- und schluffreichen Böden kann es vorkommen, daß die Stoßfugen zwischen den Dränrohren durch Eisen und Schluff (Korngröße 0,02—0,002 mm) so verdichtet werden, daß der Wasserzutritt zu den Rohren mit der Zeit stark beeinträchtigt oder aufgehoben wird (**25**). Es empfiehlt sich daher, in solchen Böden die Stoßfugen mit den auf S. 95 genannten filterartig wirkenden Stoffen zu umhüllen.

Für die Sauger könnte man meist mit sehr kleinen Rohrweiten auskommen, allein es hat sich wegen des leichten Verstopfens enger Rohre als zweckmäßig erwiesen, kleinere Weiten als solche von 4 cm überhaupt nicht zu verwenden. Ist das Rohrgefälle kleiner als 0,4% oder der Boden stark eisen-, kalk- oder triebsandhaltig oder die Niederschlagshöhe des Dränungsgebiets groß, so sind für die Sauger im allgemeinen 5 cm weite Dränrohre zu verwenden. Auch in Wiesen sollten 4 cm weite Rohre nicht benutzt werden. In Talauen mit quelligem Untergrund empfiehlt sich die Verwendung von 6,5 cm weiten Rohren. Bei den Sammlern darf nicht unter eine Rohrweite von 5 cm herabgegangen werden.

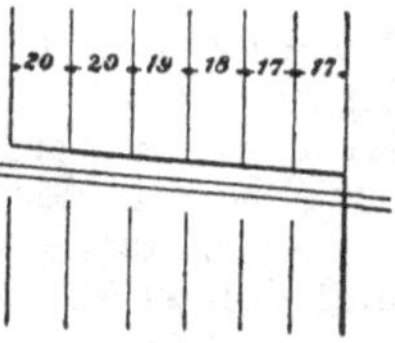

Abb. 32

Ist das zu dränende Gelände von wechselnder Bodenbeschaffenheit, so daß sich aus dem Befunde der Schürfgruben verschiedene Dränabstände ergeben, so sind diese zwischen den betreffenden Schürfgruben allmählich zu vergrößern (Abb. 32).

Nicht immer liegen jedoch die Verhältnisse so, daß eine Volldränung erforderlich ist, d. h. daß eine große zusammenhängende Fläche durch ein sie vollständig erfassendes Netz von Dränsträngen zu entwässern ist. Vielmehr genügt es in leichten Böden häufig, einzelne in sie eingestreute Nester und Streifen, die infolge schwererer Bodenbeschaffenheit, infolge ungenügender Vorflut oder infolge des Zudringens von Schichtenwasser oder einzelner Quellen unter Nässe leiden, durch vereinzelte kleinere Dränabteilungen oder einzelne Dränstränge zu entwässern. Man spricht in diesem Falle von Bedarfsdränung. Eine solche erfordert selbstverständlich eine besonders gewissenhafte Bodenuntersuchung. Diese wird sich jedoch stets durch besondere Wirtschaftlichkeit der Anlage hoch bezahlt machen.

Bei stark wechselnder Bodenbeschaffenheit kann es sich empfehlen, schrittweise vorzugehen und nach Herstellung des Sammlergrabens zunächst nur einzelne Saugergräben in größeren Abständen auszuheben, um nach dem Befund des Untergrunds die endgültigen Abstände der Sauger zu bestimmen.

Wegen der damit verbundenen Gefahr des Verschlammens und Verwachsens dürfen die Dränstränge niemals der Längsrichtung nach auf oder unter der Sohle bestehender Gräben verlegt werden. Ebenso ist das Kreuzen von Straßen, Feldwegen, offenen Gräben und Wasserläufen mit den Saugern wegen der Gefahr der Beschädigung, des Verwachsens und des Wasserzudrangs, sowie aus Ersparnisrücksichten zu vermeiden. Man faßt in solchen Fällen die Sauger durch einen

Nebensammler zusammen und beschränkt damit die Kreuzung auf einen einzigen Punkt (Abb. 32). Diese Kreuzungen werden dann aus Muffenrohren von Steinzeug, Beton oder bei schwerem Verkehr auf den Wegen aus Eisen hergestellt, die beim Unterfahren von Gräben und Wasserläufen mit Zement, Teer, Asphalt oder Kitt und im übrigen mit Ton gedichtet werden. Nebensammler sind auch dort anzuordnen, wo die Sammler streckenweise in wesentlich größere Tiefe zu liegen kommen als die Sauger, um unnötige Grabarbeit beim Anschluß der Sauger an die tief liegenden Sammler zu vermeiden.

Mit den Sammlern sollte man zur Vermeidung von Verwachsungen überall mindestens 20 m von Bäumen und Hecken, insbesondere von Weiden, Pappeln und Akazien entfernt bleiben. Ist ein Sammler entlang einer Baumreihe auszuführen, so empfiehlt sich die in Abb. 33 dargestellte Anordnung, wobei die in der Nähe der Bäume verlegten kurzen Sauger, soweit sie nicht mindestens 10 m von den Bäumen entfernt sind, noch in der auf S. 84 beschriebenen Weise gegen das Einwachsen der Baumwurzeln zu schützen sind.

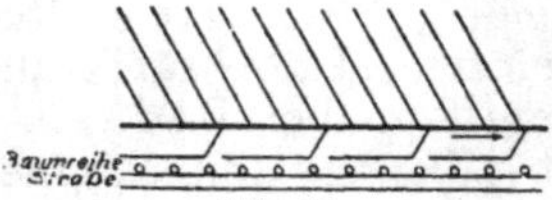

Abb. 33

Einzelne im Dränungsgebiet gelegene Quellen sollten stets für sich gefaßt und in besonderen Dränsträngen der Vorflut zugeleitet werden, da Dräne, in denen stets Wasser fließt, besonders leicht verwachsen und daher durch das Einführen von Quellen in einen Sammler die gesamte Dränabteilung gefährdet wird. Bei den Quellfassungen wird dem Wasser der Eintritt in die Dränrohre dadurch erleichtert, daß diese mit Kleingeschläg oder Kies bedeckt und bei starkem Wasserzudrang außerdem noch an der Oberseite mit Löchern versehen werden.

Schlucker, d. s. Stein- oder Kiesfilter, die einem Dränstrang Tagwasser zuführen, sind wegen der mit ihnen verbundenen Gefahr des Versandens und Verschlammens der Dränrohre tunlichst zu vermeiden. Ist ein Schlucker ausnahmsweise zum Abführen des Tagwassers einer kleinen Geländemulde unumgänglich notwendig, so ist der Dränstrang, der sein Wasser aufnimmt, für sich dem Vorfluter zuzuführen, sofern nicht ein Sammler vorhanden ist, dessen Gefälle hinreicht, um das Absetzen etwa mitgeführter Sand- und Schlammteilchen zu verhindern.

Nach vorläufiger Aufstellung des Dränungsentwurfs im Zimmer sollte man es, besonders bei größeren Anlagen, nie versäumen, ihn vor endgültigem Abschluß auf dem Felde nochmals eingehend nachzuprüfen, um ihn den örtlichen Verhältnissen möglichst anzupassen. Besonders geeignet zu diesem Zwecke ist bei Ackerdränungen der Zeitpunkt im Frühjahr, in dem die Felder abzutrocknen beginnen, da dann die besonders entwässerungsbedürftigen Stellen sich durch ihre dunklere Färbung deutlich von ihrer rascher abtrocknenden Umgebung abheben.

Der rechnerische Nachweis der erforderlichen Dränrohrweiten wird am besten in einer Tafel zusammengestellt. Hierbei wird zur Bestimmung des Ortes, wo ein Querschnittswechsel nötig ist, am zweckmäßigsten so verfahren, daß zunächst mit der Tafel Abb. 30 (nach S. 92) die für die betreffende Rohrweite bei dem zur Verfügung stehenden Gefälle und der berechneten Sickerwasserspende mögliche

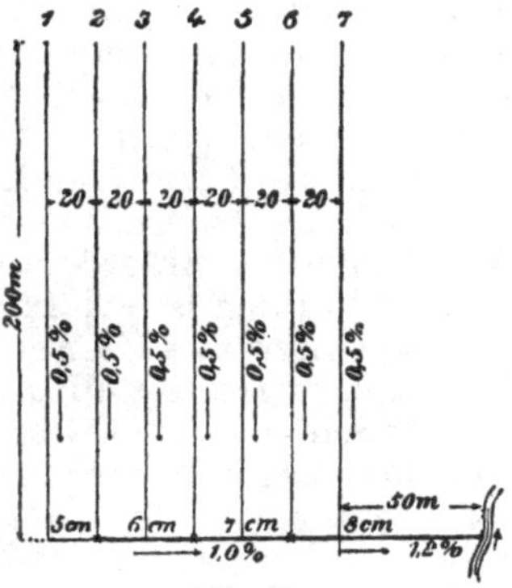

Abb. 34

Höchstleistung festgestellt und sodann diejenige Fläche im Dränplan bestimmt wird, welche dieser Höchstleistung, ohne sie zu überschreiten, möglichst nahe kommt. Die nebenstehende Tafel enthält als Beispiel die Berechnung der in Abb. 34 (s. S. 99) dargestellten Dränabteilung für eine Sickerwasserspende von 0,6 l/s ha. Durch Zusammenzählen der in der Tafel enthaltenen Einzellängen ergibt sich die Gesamtlänge der verschiedenen Rohrweiten, woraus sich durch Teilung mit der Dränrohrlänge (meist 0,300 m oder 0,333 m) einfach der Rohrbedarf berechnen läßt. Zu den sich hierbei ergebenden Zahlen ist ein Bruchzuschlag von 5% zu machen.

Da die handelsüblichen Rohrweiten und ebenso die Längen und die Gewichte der Dränrohre nicht überall gleich sind, so ist zu empfehlen, sich vor der Planaufstellung über die in der betreffenden Gegend in Betracht kommenden Maße und Gewichte zu unterrichten.

Gute Dränrohre aus gebranntem Ton müssen gerade, innen glatt, im Querschnitt kreisrund und senkrecht zur Achse abgeschnitten sein und müssen glatte Schnittflächen ohne Grat besitzen. Sie müssen scharf gebrannt sein und einen hellen Klang geben, wenn sie in trockenem Zustand mit dem Hammer angeschlagen werden. Ihre Bruchflächen müssen ein gleichmäßig dichtes Gefüge haben und dürfen keine Kalkteilchen von mehr als 2 mm Durchmesser enthalten. Näheres über die Abmessungen der Tondränrohre, über die an sie zu stellenden Anforderungen und über die Verfahren zu ihrer Prüfung ist aus **12** zu entnehmen.

Dränrohre aus Zementbeton werden in Böden, die saure, ungesättigte Humusstoffe, Gips oder Magnesium enthalten, und in Grundwassern, in denen Kohlensäure in größeren Mengen vorkommt, zerstört. Sie dürfen daher nur dann verwendet werden, wenn eingehende chemische Untersuchungen ergeben haben, daß Boden und Wasser frei von zementschädlichen Stoffen sind. Über Holzkastendräne s. Teil II, Seite 95.

Abteilung	Sauger Nr.	Sammler Strecke	Längen mit einer Lichtweite von					Dränabstand	Entwässerte Fläche		Gefälle	Geschwindigkeit	Leistung der Rohre bei 0,6 l/s ha Sickerwasserspende
			5 cm	6 cm	7 cm	8 cm	9 cm usw.		im einzelnen	zus.			
								m	ha	ha	%	m	ha
1	1	—	200	—	—	—	—	20	0,40	—	0,5	0,24	0,75
	2	—	200	—	—	—	—	20	0,40	—	—	—	—
		1—2	20	—	—	—	—	½ · 20	0,02	0,82	1	0,33	1,1
	3	—	200	—	—	—	—	20	0,40	—	—	—	—
	4	—	200	—	—	—	—	20	0,40	—	—	—	—
		2—4	—	40	—	—	—	½ · 20	0,04	1,66	1	0,38	1,8
	5	—	200	—	—	—	—	20	0,40	—	—	—	—
	6	—	200	—	—	—	—	20	0,40	—	—	—	—
		4—6	—	—	40	—	—	½ · 20	0,04	2,50	1	0,43	2,8
	7	—	200	—	—	—	—	20	0,40	—	—	—	—
		6—7	—	—	—	20	—	½ · 20	0,02	2,92	1	0,48	4,2
		Rest	—	—	—	50	—	20	0,10	3,02	1,2	0,54	4,6

7. Die Ausführung

Bei der Ausführung der Drängräben ist das Hauptaugenmerk auf ein gutes Sohlengefälle zu richten. Beim Ausstecken der Dränung auf dem Felde sind daher die Sohlenhöhen der Sammler und in den meisten Fällen auch die der Sauger durch Höhenmessung genau festzulegen.

Mit dem Herstellen der Drängräben darf erst nach Vollendung des Vorfluters begonnen werden. Es geschieht in der Richtung von unten nach oben derart, daß das zudringende Wasser stets glatt abzulaufen vermag. Mit dem Ausheben der Gräben für die Sauger darf daher erst begonnen werden, wenn der Graben für den zugehörigen Sammler fertiggestellt ist, und zwar beginnt man mit dem obersten Saugergraben, um den Wasserzudrang zu den tieferliegenden Saugergräben und damit die Gefahr ihres Einstürzens zu vermindern. Um bei der Herstellung der Drängräben von Hand mit möglichst geringer Grabarbeit auszukommen, werden vielfach besondere Dränspaten verwendet (Abb. 35), deren schmales und hohes Stichblatt die Herstellung schmaler Gräben gestattet. Dränspaten sind jedoch nur in gleichmäßigem, leicht zu stechendem Boden verwendbar. In hartem, steinigem und von zähen Pflanzenwurzeln durchzogenem Boden muß zu den gewöhnlichen Grabwerkzeugen gegriffen und müssen die Gräben entsprechend breiter angelegt werden.

Abb. 35

Der ausgehobene Boden ist, um der Einsturzgefahr der Grabenwände möglichst vorzubeugen, mindestens 0,3 m von den Grabenrändern entfernt derart abzulagern, daß der in der Regel in geringerer Menge vorhandene und darum die Grabenränder nicht so sehr beschwerende gute, fruchtbare Oberboden auf der Bergseite, der tote Boden des Untergrunds auf der Talseite gelagert wird.

Im Triebsand empfiehlt es sich, die Drängräben schichtenweise auszuheben in der Art, daß man nach jedem Dränspatenstich zuwartet, bis das Wasser abgelaufen und der umgebende Boden trocken und damit standfester geworden ist, bevor der nächsttiefere Stich gemacht wird.

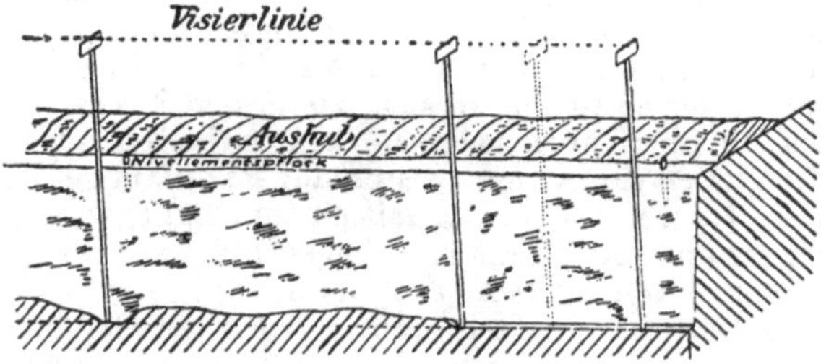

Abb. 36

Große Steine, die sich in den Drängräben vorfinden und zu groß sind, um entfernt werden zu können, dürfen wegen der Gefahr des Zerdrückens der Dränrohre niemals unterfahren werden, sondern sind in flachem Bogen zu umgehen.

Nach Aushub des letzten Stichs sind auf der Sohle der Drängräben von den seitlichen Höhenpflöcken (Nivellementspflöcken) aus die genauen Sohlenhöhen mittels der Wasserwaage pünktlich abzustechen. Hierauf ist mit Hilfe von Setztafeln das Sohlengefälle sorgfältig auszugleichen (Abb. 36). In die so ausgeglichene Grabensohle wird mit dem sog. Schwanenhals (Abb. 37) eine halbkreisförmige Rinne eingeschnitten, in welche die Dränrohre beim Verlegen eingebettet werden. Ist in steinigem Boden das Herstellen einer Rinne nicht möglich, so sind die Rohre seitlich gegen die Grabenwände zu verspannen. Auch empfiehlt es sich in solchen Fällen meist, den Rohren durch Einbringen einer dünnen Schicht sandigen oder krümeligen Bodens auf der Grabensohle ein sattes

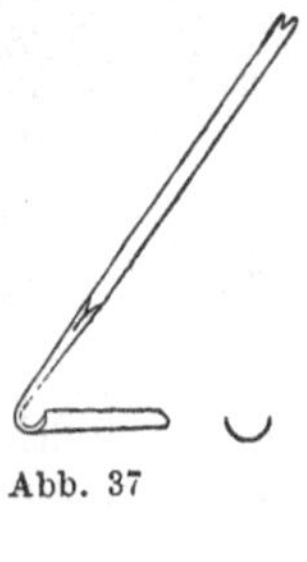

Abb. 37

Auflager zu verschaffen. Ist dagegen die Grabensohle zu weich, um den Dränrohren ein sicheres Auflager zu gewähren, so ist sie entweder durch Einbringen von Kies oder sonst geeigneten Stoffen zu befestigen oder die Rohre sind auf Brettern, Schwarten oder Latten zu verlegen. Dabei sind besondere Vorkehrungen gegen seitliches Verschieben der Rohre zu treffen. Bei Rohren mit größerem Durchmesser empfiehlt es sich, zu diesem Zweck Hohlkehlen in die Unterlagsbretter einzuarbeiten oder zu beiden Seiten dreieckige Leisten auf sie aufzunageln, so daß die Rohre gleichmäßig mit einem möglichst großen Teil ihres unteren Umfangs aufliegen und vor übermäßiger Beanspruchung geschützt sind.

Grundsatz ist, die Drängräben wegen der Gefahr des Einstürzens möglichst kurze Zeit offen zu lassen und das Verlegen der Rohre tunlichst zu beschleunigen. Mit den Grabarbeiten darf daher nicht eher begonnen werden, als die Rohre zur Stelle sind. Während der Grabarbeit werden die Rohre den Grabenrändern entlang bereitgelegt.

Zur maschinellen Herstellung der Drängräben werden Bagger verschiedener Bauart sowie Drängrabenpflüge verwendet. Zu den gebräuchlichsten Drängrabenmaschinen gehört der Drängrabenbagger der Eisenwerk Weserhütte A.G. in Bad Oeynhausen (Abb. 38). Es ist dies ein Eimerkettenbagger mit Dieselmotorenantrieb, der auf einem Raupenfahrgestell montiert ist und in steinfreiem Boden gute Arbeit leistet. Er stellt Gräben von 0,4 m Breite und bis zu 1,5 m Tiefe mit

Abb. 38

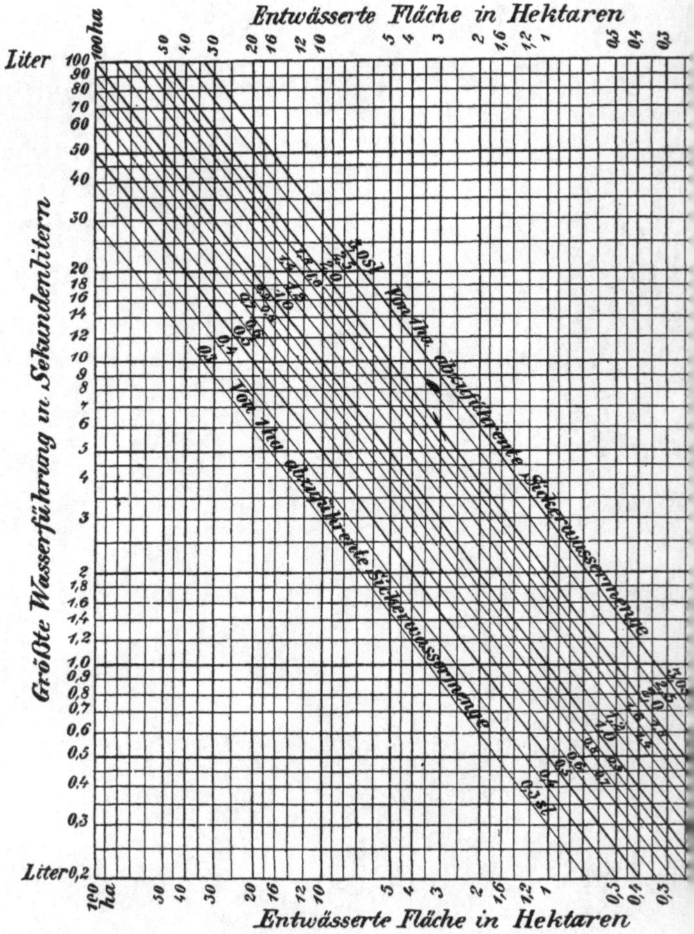

Tafel zur Bestimm

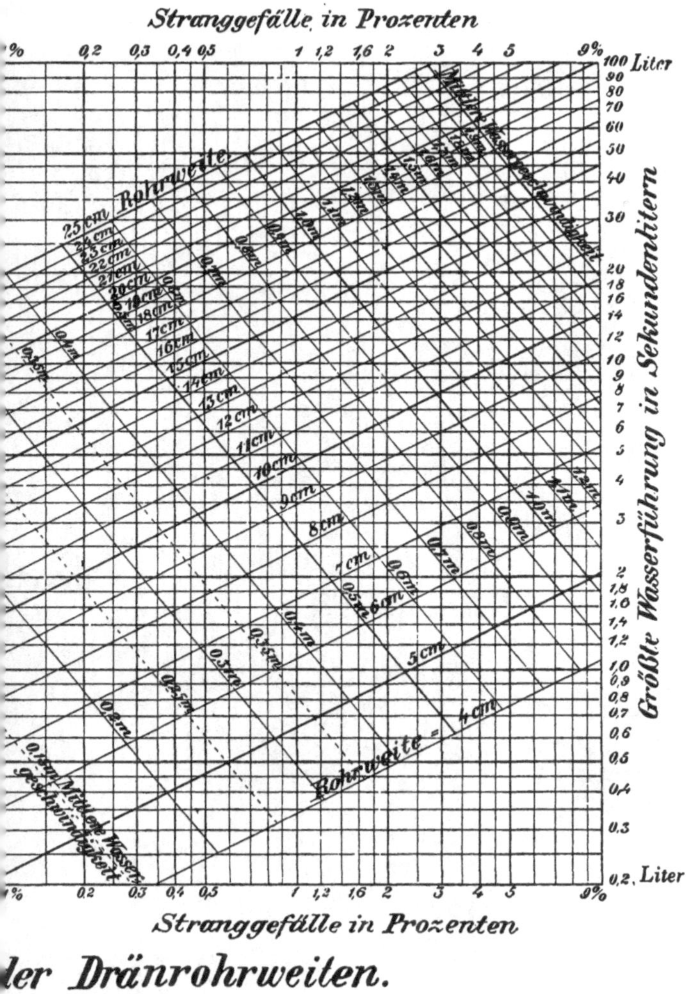

der Dränrohrweiten.

senkrechten Wänden her. Der geförderte Boden wird durch Transportbänder einseitig längs des Grabens abgelagert. Näheres **11. 1939. 168.** In Mineralböden, die frei von größeren Hindernissen sind, hat sich auch ein nach den Vorschlägen von Liczewski (49) durch die ATG-Maschinenbau G.m.b.H. in Leipzig gebauter Drängrabenfräser (Abb. 39) auf das Beste bewährt. Dieser besteht aus einem Raupenschlepper mit Dieselmotorenantrieb, an dem mittels eines Kugellagers ein Ausleger angebracht ist, der die senkrecht stehende Frässcheibe trägt. Diese hat 2,6 m Durchmesser und ist am Rande mit 14 Zähnen aus Hartstahl versehen. Der geförderte Boden wird mittels Streichblechen beiderseits neben dem 1,1 m tiefen und 0,2 m breiten Graben abgelagert.

Abb. 39

Das Verlegen der Rohre erfolgt in der Regel von oben nach unten, und zwar zuerst in den Saugern und dann in den zugehörigen Sammlern. Ist mit dem Einsturz der Grabenwände zu rechnen, so sind in die Sammler die Rohre zunächst behelfsmäßig einzulegen, um dem Wasser ungehinderten Abzug zu ermöglichen, wenn Rutschungen eintreten. Nach Fertigstellung der Sauger sind solche vorläufig verlegte Sammler auf Lage und Verschlammung zu prüfen und nötigenfalls neu zu legen. Die Rohre werden bei engen Gräben mittels des Legehakens (Abb. 40) vom Grabenrand aus, bei weiten von Hand im Graben verlegt. Weite Rohre sind stets von Hand zu verlegen. Das oberste Rohr wird

Abb. 40

mit einem Stein oder einem Ziegelstück abgeschlossen und satt an die obere Grabenwand angetrieben. Sämtliche Rohre sind vor dem Verlegen durch Anschlagen mit dem Hammer auf ihre Güte zu prüfen. Rohre, die mit Rissen und Sprüngen behaftet sind und daher keinen hellen Klang haben, ferner Rohre, die abblättern oder sonstwie beschädigt sind, müssen unnachsichtlich ausgeschieden werden; sind die Fehler nicht allzu groß, so können solche Rohre allenfalls an den oberen Enden der Sauger verwendet werden. Beim Verlegen sind die Rohre gut gegeneinander anzutreiben, so daß möglichst enge Stoßfugen entstehen. Ist an irgendeiner Stelle eine weitere Fuge nicht zu vermeiden, so ist der Stoß mit einem gut passenden Rohrscherben abzudecken (Abb. 41). Gebogene Rohre sind, damit sie glatt aufliegen, so zu verlegen, daß

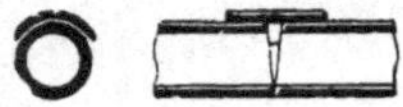

Abb. 41

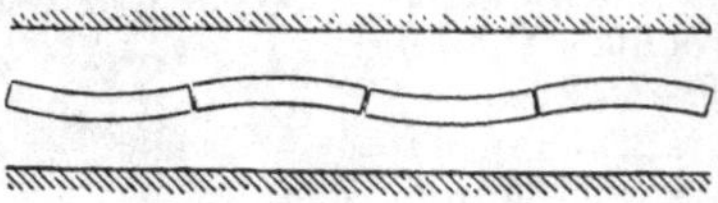

Abb. 42

die gebogene Achse auf die Sohlenfläche zu liegen kommt (Abb. 42). Muß das Verlegen der Rohre unterbrochen werden, so ist das unterste Rohr zum Schutz gegen das Einkriechen von Tieren vorübergehend zu verschließen.

Um möglichst gute Arbeit zu erhalten, hat das Verlegen der Rohre stets durch besonders gewandte und pünktliche Arbeiter im Taglohn zu geschehen, wogegen die Grabarbeit am besten um Einheitssätze vergeben wird.

Besondere Sorgfalt ist auf die Herstellung der Einmündungen der Sauger in die Sammler zu verwenden. Die Einmündung erfolgt, wo irgend möglich, von oben her, weshalb die Sammler überall, wo die Gefällsverhältnisse es gestatten, um Rohrstärke tiefer zu legen sind als die Sauger. Zum Herstellen der Einmündungen werden in die Rohre mit dem Mauerhammer kreisrunde Öffnungen vom Durchmesser des einmündenden Rohrstrangs eingehauen und gut verpaßt (Abb. 43). Das untere, jenseits der Einmündung befindliche Ende des Saugers wird in gleicher Weise wie das obere mit einem Stein oder einem Ziegelstück verschlossen und die ganze Einmündung sofort durch Unterstopfen und seitliches Verspannen mit Boden und Steinen gegen Verschieben gesichert. Das obere Ende des letzten Saugerrohrs muß auf der gewachsenen Sohle des Saugergrabens sicher aufliegen. Da die Herstellung der Öffnungen in den Rohren selbst bei einem gewandten Arbeiter stets mit einem gewissen Zeitaufwand verbunden ist, so empfiehlt es sich, für die Einmündungen von oben besondere Formstücke, sog. Haken- und Lochrohre, zu verwenden (Abb. 44). Um den Hakenrohren ein sicheres Auflager auf der Saugergrabensohle zu verschaffen, werden sie von manchen Fabriken 40 cm lang geliefert. Ist aus Mangel an Gefälle eine seitliche Einmündung nicht zu umgehen, so ist ohne besondere Formstücke, wie z. B. die in Abb. 45 dargestellten Astrohre, überhaupt nicht auszukommen, weil seitliche Einmündungen sich von Hand nur sehr schwer so herstellen lassen, daß die Saugerrohre nicht in die Sammler hineinragen und den Wasserabfluß in ihnen stören.

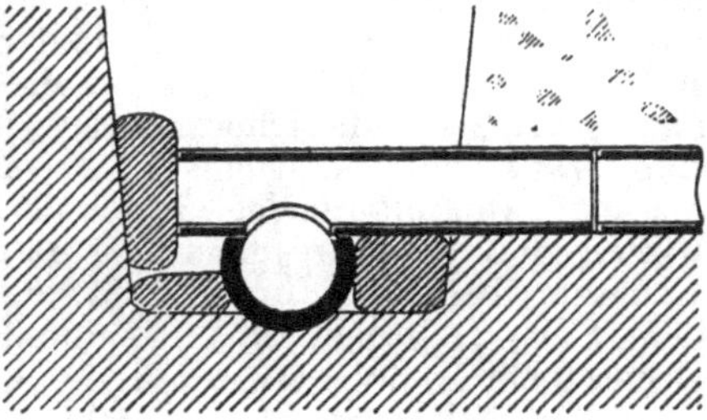

Abb. 43

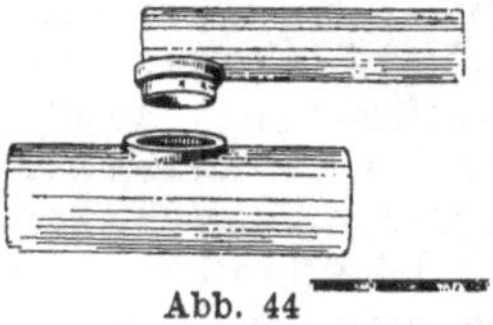

Abb. 44

Abb. 45

Wo sich mehrere Sammler größerer Entwässerungsgebiete vereinigen, wo eine sehr starke Richtungsänderung großer Sammler notwendig wird oder wo starkes Sammlergefälle in ein wesentlich geringeres übergeht, kommt die Herstellung von Dränschächten in Frage. Ihre Sohle ist entweder so auszubilden, daß die unteren Hälften der Rohrstränge glatt durchlaufen, oder sie ist mindestens 0,3 m tiefer als die Sohle des Ablaufrohrs anzuordnen, so daß ein Sand- und Schlammfang entsteht, letzteres jedoch nur, wenn eine regelmäßige Reinigung des Schachts sicher gewährleistet ist. Überhaupt sind Dränschächte möglichst zu vermeiden, da sie auch bei glatt durchlaufender Sohle als Schlammsammler wirken und daher regelmäßiger Beaufsichtigung und Reinigung bedürfen. Ihre Oberfläche soll möglichst über dem Gelände liegen. Sind sie überdeckt, so muß die Deckschicht so hoch sein, daß sie bei der Bewirtschaftung der gedränten Fläche nicht beschädigt werden. Auch ist in diesem Falle ihre Lage durch einen über ihrer Mitte gesetzten Stein kenntlich zu machen und außerdem auf feste Punkte einzumessen, damit sie leicht aufgefunden werden können, wenn der Stein verloren geht. Dränschächte, die über das Gelände herausragen, sind sicher zu verschließen.

Nach dem Verlegen der Rohre sind diese durch vorsichtiges Abstechen der oberen Grabenwände mit einer mindestens 0,2 m hohen Schicht krümeligen, durchlässigen Bodens zu überdecken, um das Einsickern des Wassers in die Rohre zu erleichtern und ihr Verschieben oder Beschädigen beim Einfüllen zu verhindern. Die Drängräben dürfen erst eingefüllt werden, nachdem die richtige Lage der Rohre durch die Bauleitung nachgeprüft ist und etwaige Mängel beseitigt sind. Der Bodenaushub ist über den Gräben aufzuhäufen, so daß beim Setzen keine Vertiefungen entstehen. Der gute, fruchtbare Boden muß wieder obenauf zu liegen kommen. Gefrorener Boden darf zum Verfüllen der Drängräben nicht verwendet werden. In sehr schwerem Boden empfiehlt es sich, den Aushub in dünnen Schichten von 15—20 cm Stärke einzufüllen und die einzelnen

Schichten mit fein gemahlenem Ätzkalk zu bestreuen, um dadurch den Füllboden zur Krümelbildung zu veranlassen und ihn so durchlässig zu machen. Das vielfach geübte Bedecken der Dränrohre mit leicht verweslichen Stoffen wie Stroh, Reisig oder Rasen vor dem Einfüllen ist in mineralischen Böden wegen der damit verbundenen Verstopfungsgefahr zu verwerfen. Anders in Moorböden, wo sich das Einbetten der Dränrohre in grobstengelige Heide oder in Legföhrenäste als ein vorzügliches Mittel gegen das Verschieben der Rohre bewährt hat, vgl. Teil II, Seite 94.

Besondere Sorgfalt ist endlich auch auf die Ausmündungen der Dränungen zu verwenden. Diese sind möglichst hoch, mindestens aber 0,15 m über den häufigsten Wasserspiegel des Vorfluters bzw. über die Grabensohle zu legen und so herzustellen, daß ein Verschieben der Auslaufrohre nicht möglich und sowohl eine mutwillige Beschädigung als auch das Einkriechen von Tieren ausgeschlossen ist. Hierfür hat sich dort, wo die Sammler in offene Gräben, die für gewöhnlich trokken liegen, einmünden, die in Abb. 46 dargestellte einfache Dränausmündung als geeignet erwiesen, bei welcher dem Verschieben durch eine Stirnmauer, dem Beschädigen durch Vorbau einer Deckeldole und dem Einkriechen von Tieren dadurch vorgebeugt ist, daß das 10—20 cm über die Stirnmauer herausragende Auslaufrohr in einer der Böschungsneigung entgegengesetzten Richtung abgeschrägt ist. Als Auslaufrohre werden am besten Beton- oder Eisenrohre verwendet. Holzrohre sind wegen ihrer geringen Dauerhaftigkeit weniger geeignet. Werden zum Schutze gegen das

Abb. 46

Einkriechen von Tieren Klappgitter angebracht, so sind sie leicht beweglich herzustellen. Ihre Stablichtweite darf, wenn sie ihren Zweck erfüllen sollen, nicht über 5 mm betragen. Muß die Ausmündung unter den Hochwasserspiegel des Vorfluters gelegt werden, so sind, besonders bei schlammführenden Gewässern, Rückstauklappen zu empfehlen. Hierfür erscheint das in Abb. 47 dargestellte Breitenbachsche Ausmündungsstück besonders geeignet. Im Anschluß an die Ausläufe sind die Böschungen und, soweit nötig, auch die Sohle der Vorfluter durch Pflasterung und Rasensatz gegen die Angriffe des Wassers zu schützen. Um das Auffinden der Ausmündungen zu erleichtern, empfiehlt es sich endlich, diese am Uferrande durch Nummersteine zu bezeichnen.

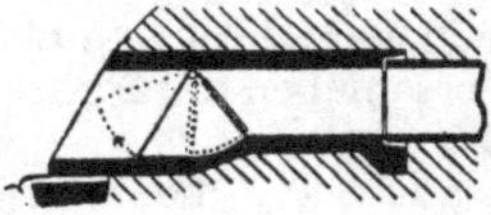

Abb. 47

Nach Fertigstellung der Dränung ist ein Ausführungsplan herzustellen, in dem die Anlage genau nach der Ausführung darzustellen ist, damit ihre einzelnen Teile bei etwa erforderlichen Ausbesserungsarbeiten leicht aufgefunden werden können. Sind bei der Ausführung keine Abweichungen vom ursprünglichen Dränplan vorgekommen, so ist dieser für die Zwecke der späteren Unterhaltung sorgfältig aufzubewahren.

8. Die Maulwurfdränung

In durch Tagwasser vernäßten schweren Lehmen und Tonen kann die Entwässerung, Belüftung und Strukturverbesserung des Bodens durch die Maulwurfdränung beschleunigt werden. Bei dieser werden mit dem Maulwurfpflug in geringer Tiefe mit kleinem Abstand kreisförmige Hohlgänge, Erddräne genannt, in den Boden gezogen. Der Maulwurfpflug besteht aus einem Fahrgestell und einem langen, in den Boden einschneidenden, etwa 20 cm breiten, im Rücken etwa

2 cm starken Messer mit keilförmiger Schneide, an dem unten ein zylinderförmiger, vorn von oben nach unten abgeschrägter oder keilförmig zugespitzter Metallkörper von 40—60 mm Durchmesser, der sogenannte Maulwurf, starr befestigt ist. An diesem hängt mit kurzer Kette ein zweiter, kurzer, gegen hinten sich kegelförmig vergrößernder Metallkörper, der sogenannte Preßkopf, dessen Durchmesser um etwa 20% größer ist als der des Maulwurfs. Der Preßkopf soll durch seinen Seitendruck den schmalen, vom Messer herrührenden Schlitz im

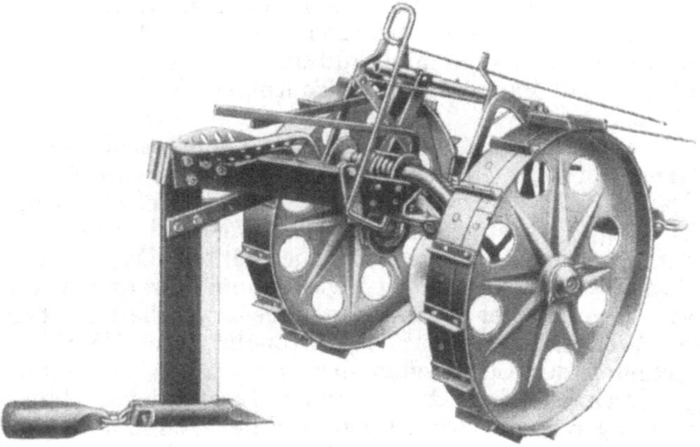

Abb. 48

Scheitel des Erddräns zustreichen, den letzteren dadurch vor dem Einrieseln von Bodenteilchen schützen und seine Wandungen glätten. Abb. 48 zeigt den Maulwurfpflug „Talisman K 1" mit selbsttätig einfahrendem Maulwurf der Firma Gebrüder Eberhardt in Ulm/Donau. Als Zugkraft sind Schlepper von 45—60 PS erforderlich.

Stößt der Maulwurfpflug beim Ziehen der Erddräne auf einen Stein oder ein anderes Hindernis, so ist er darüber hinwegzuführen. Ist das Hindernis beseitigt, so ist die in dem Erddrän entstandene Lücke mit Dränrohren auszulegen. Als mittlere Lebensdauer der Erddräne werden 5—7 Jahre angenommen.

Die Maulwurfdränung ist in allen schweren Lehm- und Tonböden anwendbar, in denen bis zu etwa 0,8 m Tiefe nicht zahlreiche Steine, Wurzelstöcke oder Sandadern vorkommen oder verdichtete Schichten vorhanden sind. Die Tiefe der Erddräne soll auf Wiesen 50—60 cm, auf Ackerland 60—70 cm und ihr Abstand auf schwerem Tonboden 2—3 m betragen. In Lehmboden kann ihr Abstand bis 5 m gesteigert werden. Ihr Gefälle kann 0,3—9% betragen. Zudringendes Fremdwasser ist von den mit Erddränen zu entwässernden Flächen mit Fangdränen aus Tonrohren (S. 68 Abb. 18) abzuhalten.

Die Erddräne werden entweder als Einzeldräne in einen Vorfluter eingeleitet oder sie werden mit Rohrdränen zur kombinierten Maulwurfdränung (Abb. 49) zusammengefaßt, wobei die Rohrdräne als Sammler, die Erddräne als Sauger wirken. Das letztere Verfahren ist vorzuziehen. Die Sammler werden nach Art gewöhnlicher Dränungen angelegt, erhalten aber ein Vielfaches des normalen Dränabstandes. Der Berechnung der Lichtweiten der Sammler ist das Zwei- bis Dreifache der Abflußspenden gewöhnlicher Rohrdränungen zugrunde zu legen, weil der Abfluß aus Erddränen bei Starkregen viel größer ist, als der aus Rohrdränen. Um das Zusickern des Wassers zu den Sammlern sicherzustellen, sind diese so tief zu legen, daß ihr äußerer Rohrscheitel 10—15 cm unter der Sohle der einmündenden Erddräne liegt. Ferner wird nach dem Verlegen der Rohre der Sammlergraben bis in eine Höhe von etwa 15 cm über den Scheitel der einmündenden Erddräne mit Kies oder Schlacke aufgefüllt, oder es wird auf der Sohle des Sammlergrabens bis zur gleichen Höhe Kiefern-, Eichen- oder Lärchenreisig aufrecht aufgestellt. Nachdem der Sammlergraben vollends verfüllt und der überschüssige Boden sorgfältig verebnet ist, werden die Maulwurfsauger mit dem Dränpflug gezogen. Dieser fährt über die Sammlergräben hinweg,

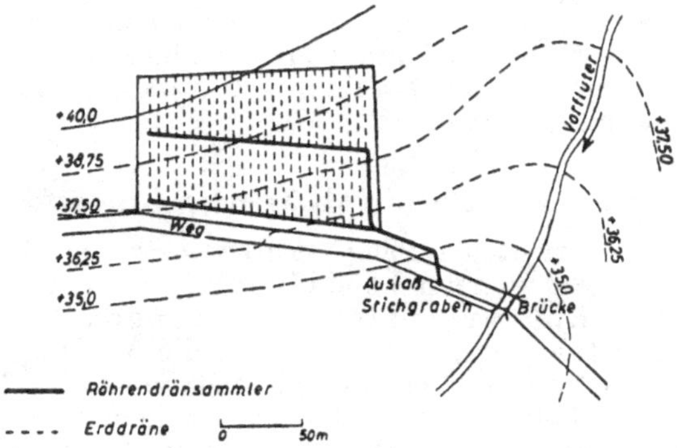

Abb. 49 (aus 62)

wobei der Maulwurf durch die Sickerpackung hindurchstößt und dadurch die Verbindung von Sauger und Sammler herstellt. Bei dieser Art der Herstellung der Sammler, bei der die Sickerstoffe die einmündenden Erddräne auf die ganze Länge des Sammlergrabens etwa 15 cm hoch überragen, können neue Erddräne eingezogen werden, ohne den Sammler aufzugraben. Beim Nachlassen der Entwässerungswirkung können daher neue Erddräne unter Anleitung durch einen Kulturtechniker leicht vom Landwirt selbst mit dem Maulwurfpflug hergestellt werden.

Die Erddräne können bergauf und bergab über mehrere Sammler durchgezogen werden, nur soll dabei der Abstand der Sammler nicht mehr als 100 m betragen. Um beim Ziehen der Erddräne mit dem Maulwurfpflug ununterbrochen durchfahren zu können, werden bei der Rückfahrt je nach dem für die Zugmaschine erforderlichen Wendekreis je zwei bis vier Sauger ausgelassen. Diese werden dann später nachgeholt.

Die günstigste Zeit für das Ziehen von Maulwurfdränen im Ackerland sind die Monate September bis April, solange der Boden weder schmiert, noch zu trocken oder gefroren ist und die Felder nicht bestellt sind. Auf Grünland kann man die Maulwurfdränung das ganze Jahr über ausführen, wenn der Zustand des Bodens dies gestattet.

Stück 12. **Die Pflege entwässerter Grundstücke**

Zu einer richtigen Pflege der entwässerten Grundstücke gehört in erster Linie die geordnete Unterhaltung der Entwässerungseinrichtungen. Die offenen Entwässerungsgräben wie auch die Vorflutgräben sind stets frei von Verkrautung und Schlammablagerungen zu halten. Die Dränausmündungen sind sorgfältig zu beaufsichtigen. Dränschächte und Senkbrunnen sind regelmäßig nachzusehen und zu reinigen. Beim Räumen der Gräben ist stets die ursprüngliche Sohlenhöhe und Böschungsneigung wiederherzustellen. An den Böschungen dürfen keinerlei Bäume oder Sträucher geduldet werden. Etwaige Verwachsungen oder Verstopfungen der Dräne, die sich besonders im Frühling leicht an dem Entstehen nasser Platten im Dränungsgebiet erkennen lassen, sind sofort zu beheben, um weitergehenden Verschlammungen der Dränrohrleitungen vorzubeugen. Um den Ort der Verstopfung eines Dränstrangs festzustellen, wird unterhalb der unteren Grenze der nassen Stelle, und zwar je steiler das Gelände ist, desto näher an ihr, in senkrechter Richtung zum Dränstrang ein Querschlitz bis auf die Dränrohre hergestellt und werden einige von ihnen freigelegt. Quillt aus den Rohren Wasser empor, so ist dies ein Zeichen, daß die Verstopfung sich weiter abwärts befindet; liegen die Rohre trocken, so muß weiter aufwärts nachgegraben werden. Sind Ort und Ursache der Verstopfung festgestellt, so wird durch Anlegen einer genügenden Zahl von Querschlitzen der Dränstrang zugänglich gemacht und die Rohrleitung auf die ganze Länge der Verstopfung mittels eines an einem Draht befestigten Lappens oder Besens, der in ihr hin und her gezogen wird, sorgfältig gereinigt, nachdem etwa eingewachsene Wurzelzöpfe herausgezogen worden sind. Flächen, die mit der Maulwurfdränung entwässert wurden, sind sorgfältig zu beobachten, damit dort, wo im Frühjahr oder nach Regenzeiten ein Nachlassen der entwässernden Wirkung erkennbar wird, rechtzeitig neue Erddräne eingezogen werden können.

Was nun die Pflege der entwässerten Grundstücke selbst anbelangt, so ist hier vor allem darauf aufmerksam zu machen, daß nur bei deren sorgfältiger und zweckentsprechender Behandlung ein voller Erfolg der Entwässerung zu erwarten ist. Denn man darf, wie Kopp mit Recht sagt, von der Entwässerung keine Wunder erwarten und muß sich bewußt bleiben, daß der Boden durch die Entwässerung in einen Zustand gebracht wird, bei dem Bearbeitung und Düngung zwar wirksam und möglichst lohnend, keineswegs aber entbehrlich werden.

Im Ackerland muß es deshalb die erste Sorge sein, die unnötig gewordenen offenen Gräben, Wasserfurchen und Hochbeete zu beseitigen und die Ackeroberfläche möglichst auszugleichen. Hierauf hat eine recht gründliche Bodenbearbeitung (Untergrundpflug, Dampfpflug) und eine angemessene Düngung einzusetzen. Besonders in schweren Böden leistet der Untergrundpflug gute Dienste, um die Wirkung der Entwässerung möglichst zu beschleunigen. Als Dünger ist im ersten Jahre nach der Entwässerung neben Thomasmehl und hochprozentigem Kalisalz besonders gebrannter Kalk zu empfehlen, da durch ihn die Krümelung des Bodens begünstigt, seine chemische Tätigkeit angeregt und die vorhandenen Eisenverbindungen unschädlich gemacht werden. Zu vermeiden sind schwefelsaures Ammoniak, Superphosphat und Kainit. Besonders zweckmäßig hat es sich erwiesen, nach der Entwässerung zuerst Hackfrüchte anzubauen, da hierbei Gelegenheit geboten ist, die Wurzelunkräuter wirksam zu bekämpfen und die von den Drängräben herrührenden Ungleichheiten im Boden zu beseitigen. Vor dem Anbau tiefwurzelnder Pflanzen, vor allem der Zuckerrübe, in den ersten Jahren nach der Dränung, solange sich die Auffüllungen der Drängräben noch nicht genügend gesetzt haben, ist wegen der Gefahr des Einwachsens der Wurzeln in die Dränstränge zu warnen.

Auf Wiesen ist es, um eine möglichst rasche Verbesserung der Grasnarbe zu erzielen, empfehlenswert, sie zunächst tüchtig mit der Egge zu bearbeiten, dann eine kräftige Düngung mit Komposterde oder Gülle und mit gebranntem Kalk folgen zu lassen und im Frühjahr Klee- und Grassamen einzusäen, worauf ein tüchtiges Walzen zu folgen hat. Bei stark versauerten Wiesen würde jedoch bei dieser Behandlung der Ersatz der sauren Gräser durch süße zu langsam fortschreiten. Um auf ihnen möglichst rasch einen vollen Ertrag an guten, süßen Gräsern zu erzielen, werden sie daher am besten nach der Entwässerung umgebrochen, mit gebranntem Kalk, Thomasmehl und hochprozentigem Kalisalz kräftig gedüngt und womöglich 3—4 Jahre lang unter den Pflug genommen und als Ackerland genützt. Hierauf erfolgt die Ansaat mit einer für die betreffende Bodenart passenden Grassamenmischung (nicht mit Heublumen!), und zwar in Gegenden mit langen Trockenzeiten im Frühjahr und Sommer oder mit Spätfrösten am besten in eine Überfrucht von Grünhafer. Um sich vor Schaden zu schützen, darf man jedoch die Grassamenmischung nicht einfach fertig vom Händler beziehen, sondern man muß die gewünschten Samen einzeln kaufen und selbst mischen. Beim Einkauf der Sämereien ist streng auf größtmögliche Reinheit und Keimfähigkeit sowie auf die Echtheit der Samen zu achten. Wegen Beratung über das im Einzelfalle günstigste Saatgemisch wendet man sich am besten an eine landwirtschaftliche Fachstelle.

Gegen den Verlust an Salpeterstickstoff durch Auswaschen im Dränwasser kann man sich am besten dadurch schützen, daß man auf den gedränten Grundstücken die Stickstoffdüngung, anstatt im Herbst, im Frühjahr vornimmt und auch dann den Dünger nicht auf einmal, sondern in mehreren kleinen Gaben aufbringt.

Stück 13. **Die Erfolge der Entwässerung**

Die durch die Entwässerung bewirkte Verbesserung des Bodengefüges ermöglicht einen genügenden Umlauf der Luft im Boden und erleichtert durch die vermehrte Zufuhr von Sauerstoff die Wurzelatmung. Mit der Luft dringt die Wärme in die Poren des Bodens ein. Hierdurch erhöht sich die Bodenwärme entwässerter Grundstücke durchschnittlich um 5,5° C. Luft und Wärme aber regen sowohl die chemische Tätigkeit des Bodens, als auch die der Bodenbakterien an und bewirken so eine raschere und vollständigere Zersetzung der mineralischen und organischen Bodenbestandteile. Durch die Entwässerung werden daher nicht allein die in nassen Böden unbenützt bleibenden, im Boden selbst ruhenden Schätze an Nährstoffen den Pflanzen erschlossen, sondern auch die Ausnützung des natürlichen wie des künstlichen Düngers ist eine vollkommenere. Infolge der Erhöhung der Bodenwärme ist auf entwässerten Grundstücken des weiteren die Gefahr des Auswinterns des Getreides geringer und die gefährlichen Früh- und Spätfröste treten seltener und schwächer auf.

Entwässerter Boden trocknet ferner im Frühjahr rascher ab, so daß auf ihm die Bestellung um 14 Tage bis 4 Wochen früher vorgenommen werden kann als auf nassem Boden. Die Folge ist eine Verlängerung der Wachstumszeit, die besonders in Gebirgsgegenden und in Ostdeutschland von großer Bedeutung ist, sowie eine gleichmäßigere, raschere und kräftigere Entwicklung der auf entwässertem Boden angebauten Pflanzen, ein Vorzug, der sich namentlich in trockenen Jahren recht günstig fühlbar macht, da die Pflanzen bei Eintritt der Dürre schon besser entwickelt und widerstandsfähiger sind.

Der Regen, der vor der Entwässerung über den mit stauendem Wasser gesättigten Boden einfach abgeflossen ist, kann nach der Entwässerung in diesen eindringen, ihn mit der nötigen Feuchtigkeit versehen und seine Aufgabe als Lösungs- und Beförderungsmittel der Pflanzennährstoffe erfüllen. Das überschüssige Wasser aber wird rasch wieder abgeführt. In der Bodenkrume wird das Bakterienleben und dadurch die Krümelung und Gare des Bodens gefördert, und der Untergrund vermag infolge seiner bis auf die Tiefe der Entwässerungseinrichtungen herabreichenden Auflockerung und Durchlüftung das für den Pflanzenwuchs nötige Wasser unschädlich zurückzuhalten. Auch wird es den Pflanzenwurzeln dadurch ermöglicht, tiefer in den Boden einzudringen und sich das Wasser der tieferen Bodenschichten nutzbar zu machen. Auf entwässertem Boden fließt daher das Niederschlagswasser nicht etwa viel rascher ab als auf nichtentwässertem, sondern ein solcher wirkt im Gegenteil wasserzurückhaltend wie ein Schwamm und bildet einen großen Feuchtigkeitsspeicher, aus dem die Pflanzen selbst nach langer regenloser Zeit immer noch genügend Feuchtigkeit zu schöpfen vermögen.

Durch das tiefere Eindringen der Wurzeln in den Boden erhalten die Pflanzen nicht nur einen festeren Stand und lagern weniger, sondern sie können sich außer dem Wasser auch die übrigen Nährstoffe bis in größere Tiefen zunutze machen. Die Entwicklung der ganzen Pflanzen ist infolgedessen eine kräftigere, und die mancherlei Pflanzenkrankheiten wie Rost, Brand u. a. treten auf entwässertem Boden daher weniger häufig und nie so verheerend auf, wie auf nassem, kaltem Boden. Auf den Wiesen verschwinden nach der Entwässerung die sauren Gräser und machen guten, süßen Gräsern Platz, und im Ackerland verlieren sich die Unkräuter.

Durch die auflockernde Wirkung der Entwässerung und die damit verbundene Verbesserung des Bodengefüges wird auch der zäheste Tonboden lockerer und mürber und läßt sich daher leichter bearbeiten. Durch die Entwässerung wird deshalb eine wesentliche Ersparnis an Arbeit und Zugkraft und damit eine nicht unerhebliche Verminderug der Erzeugungskosten erzielt.

Endlich ermöglicht die Entwässerung den Anbau mancher Pflanzen, deren Fortkommen vorher vollständig ausgeschlossen war, und gestattet daher vielfach die Einführung einer zweckmäßigeren Fruchtfolge und überhaupt eine verstärkte Bewirtschaftung der entwässerten Grundstücke.

Alles in allem bewirkt die Entwässerung eine wesentliche Steigerung des Ertrags sowohl an Menge als auch an Beschaffenheit, sichert ihn bis zu einem gewissen Grade gegen die schädlichen Einflüsse ungünstiger Witterungsverhältnisse und vermindert die Erzeugungskosten. Sie bildet so ein sehr wirksames Mittel zu der gerade in der Gegenwart so dringend notwendigen verstärkten Ausnutzung unserer heimischen Scholle und damit zur Hebung der Leistungsfähigkeit unserer Landwirtschaft. Zu bemerken ist jedoch, daß die Auflockerung schwerer Böden nur allmählich vor sich geht und daß daher in solchen der volle Erfolg der Entwässerung erst nach einigen Jahren zu erwarten ist.

Die durch die Entwässerung erzielten **Ertragssteigerungen** sind je nach den angebauten Früchten, dem Klima, der Witterung und dem Boden verschieden. So wurden z. B. bei Volldränung folgende Ertragssteigerungen ermittelt:

Frucht	im Rheinland %	in der Eifel %	in der Oberlausitz %
Roggen	23—33	55—80	29—74
Hafer	30—42	59—116	24—44
Weizen	27—37	—	33—88
Kartoffel	33—50	80—100	50—73

Die Ertragssteigerungen sind naturgemäß in nassen Jahren am größten. Doch geben entwässerte Grundstücke auch in trockenen Jahren weit bessere Erträge als nicht entwässerte. So belief sich im Jahre 1908 in Böhmen trotz der herrschenden Dürre der Mehrertrag entwässerter Flächen bei Wiesen auf 47%, bei Hackfrüchten auf 35% und bei Halmfrüchten auf 25%.

Die durch die Entwässerung bewirkte Verbesserung der Beschaffenheit des Getreides läßt sich am Hektolitergewicht der geernteten Körner beurteilen. Ermittelungen, die hierüber in Böhmen angestellt wurden, haben folgende Zunahmen ergeben: bei Weizen 2,6%, bei Roggen 2,7%, bei Gerste 4,5%, bei Hafer 8,7%.

Welch günstigen Einfluß die Verbesserung des Pflanzenbestands der Wiesen durch Entwässerung auf den Milchertrag hat, zeigen Versuche, die vom Tierzuchtinstitut der Universität Königsberg mit der Verfütterung des Heus verschiedener Süßgräser und von Seggen gemacht wurden. Nach diesen ergaben 100 kg Heu von Süßgräsern 64,5 kg Milch mit 2,0 kg Fett, 100 kg Seggenheu 37,3 kg Milch mit 1,3 kg Fett.

Stück 14. **Die Kosten der Entwässerung**

Die Herstellungskosten der Entwässerung sind abhängig von dem Grade der Entwässerungsbedürftigkeit und von der Bodenbeschaffenheit der zu entwässernden Grundstücke, von dem Umfang der für die Beschaffung der Vorflut notwendigen Anlagen, von den ortsüblichen Arbeitslöhnen, sowie von den Baustoffpreisen und Beifuhrkosten. Sie schwanken daher innerhalb weiter Grenzen und liegen z. B. bei Volldränungen mineralischer Böden zwischen 900 DM und 3300 DM für das ha entwässerter Fläche. Die Kosten der Herstellung der kombinierten Maulwurfdränung werden zu 460 DM bis 600 DM für das ha, diejenigen für das spätere Nachziehen der Erddräne zu 210 DM für das ha veranschlagt.

Die Unterhaltungskosten sind bei offenen Gräben erheblich höher als bei Dränungen, bei welch letzteren sie sich eigentlich nur auf die geordnete Unterhaltung der Vorflut beschränken. Sie betragen jedoch auch bei den ersteren höchstenfalls 2% der Anlagekosten im Jahr.

Da es oft erwünscht ist, sich über die Einträglichkeit bestimmter Entwässerungen Rechenschaft zu geben, sei an zwei Beispielen gezeigt, wie Einträglichkeitsberechnungen durchgeführt werden können. Dabei ist ausdrücklich darauf hinzuweisen, daß die den Beispielen zugrunde gelegten Ertragszahlen und Preise keine allgemeine Gültigkeit haben, sondern in jedem Einzelfalle besonders erhoben werden müssen.

Werden als Anlagekosten einer Volldränung von Ackerland 2000 DM in Rechnung gestellt und für Verzinsung und Rückzahlung 6%, für Unterhaltung hoch gerechnet 2% der Anlagekosten angenommen, und setzt man ferner voraus, daß die durch die Werbung und das Einfahren der erhöhten Ernte entstehenden Kosten durch die Mehreinnahmen aus Stroh und Spreu und durch die erleichterte Bestellungsarbeit des gedränten Bodens ausgeglichen werden, so ergeben sich für diese Dränung die jährlichen Aufwendungen zu $2000 \cdot 0{,}08 = 160$ DM. Diesen Aufwendungen stehen etwa folgende Mehreinnahmen vom ha gegenüber:

1. Jahr:	70 dz Kartoffeln	zu 13 DM	=	910 DM
2. Jahr:	8 dz Weizen	zu 44 DM	=	352 DM
3. Jahr:	7 dz Hafer	zu 32 DM	=	224 DM
In drei Jahren zusammen				1486 DM
Somit im Jahr durchschnittlich				495 DM
Hiervon ab jährlicher Aufwand				160 DM
Bleiben jährlicher Reingewinn				335 DM

oder etwa 17% der Anlagekosten. Die Dränung würde sich also unter den der Rechnung zugrunde gelegten Verhältnissen in etwa 6 Jahren bezahlt machen.

Nimmt man ferner an, daß auf einer Wiese vor der Entwässerung 30 dz schlechtes Seggenheu, nachher 60 dz gutes Heu vom ha geerntet werden, so berechnet sich der Milchertrag nach S. 120:

nach der Entwässerung	zu $60 \cdot 64{,}5$	$= 3870$ kg/ha
vor der Entwässerung	zu $30 \cdot 37{,}3$	$= 1119$ kg/ha
somit Zunahme des Milchertrags		$= 2751$ kg/ha

Wird der Erzeugerpreis von 1 l Milch zu 0,35 DM angenommen, so ergibt sich hieraus ein Rohmehrertrag von 963 DM/ha. Werden die Entwässerungskosten einschließlich aller Folgeeinrichtungen wie Umbruch, Kalkung und Neuansaat mit 3600 DM/ha und für Verzinsung, Rückzahlung und Unterhaltung wieder 8% in Rechnung gestellt, so ergibt sich eine Jahresausgabe von 288 DM und damit ein Reinertrag von 963—288 = 675 DM oder von rd. 19% der Anlagekosten. Diese wären also im Falle des Beispiels binnen etwa 5 Jahren getilgt.

In beiden Beispielen sind weder die Beihilfen, die der Staat gewährt, noch der Kostenanteil berücksichtigt, den sich der einzelne Grundbesitzer durch Mitarbeit verdienen kann. Durch beides aber wird die Einträglichkeit der Entwässerung für den einzelnen Beteiligten noch weiter gesteigert.

Namen- und Sachverzeichnis

SAMMLUNG GÖSCHEN

GESAMTVERZEICHNIS

Jeder Band DM 3,60 · Doppelband DM 5,80
Dreifachband DM 7,80

Frühjahr 1966

WALTER DE GRUYTER & CO · BERLIN 30

Inhaltsübersicht

Geisteswissenschaften

Philosophie

Einführung in die Philosophie von *H. Leisegang †*. 5. Auflage. 146 Seiten. 1963. (281)

Hauptprobleme der Philosophie von *G. Simmel †*. 8., unveränderte Auflage. 177 Seiten. 1964. (500)

Geschichte der Philosophie

I: Die griechische Philosophie von *W. Capelle*. 1. Teil. Von Thales bis Leukippos. 3., erweiterte Auflage. Etwa 135 Seiten. 1966. (857)

II: Die griechische Philosophie von *W. Capelle*. 2. Teil. Von der Sophistik bis zum Tode Platons. 3., stark erweiterte Auflage. Etwa 144 Seiten. 1966. In Vorbereitung (858)

III: Die griechische Philosophie von *W. Capelle*. 3. Teil. Vom Tode Platons bis zur Alten Stoa 2., stark erweiterte Auflage. 132 Seiten. 1954. (859)

IV: Die griechische Philosophie von *W. Capelle*. 4. Teil. Von der Alten Stoa bis zum Eklektizismus im 1. Jh. v. Chr. 2., stark erweiterte Auflage. 132 Seiten 1954. (863)

V: Die Philosophie des Mittelalters von *J. Koch*. In Vorbereitung. (826)

VI: Von der Renaissance bis Kant von *K. Schilling*. 234 Seiten. 1954. (394/394a)

VII: Immanuel Kant von *G. Lehmann*. In Vorbereitung. (536)

VIII: Die Philosophie des 19. Jahrhunderts von *G. Lehmann*. 1. Teil. 15 Seiten. 1953. (571)

IX: Die Philosophie des 19. Jahrhunderts von *G. Lehmann*. 2. Teil. 168 Seiten. 1953. (709)

X: Die Philosophie im ersten Drittel des 20. Jahrhunderts 1. Teil von *G. Lehmann*. 128 Seiten. 1957. (845)

XI: Die Philosophie im ersten Drittel des 20. Jahrhunderts 2. Teil von *G. Lehmann*. 114 Seiten. 1960. (850)

Die geistige Situation der Zeit (1931) von *K. Jaspers*. 6. Abdruck der im Sommer 1932 bearbeiteten 5. Auflage. 211 Seiten. 1965. (1000)

Erkenntnistheorie von *G. Kropp*.
1. Teil: Allgemeine Grundlegung. 143 Seiten. 1950. (807)

Formale Logik von *P. Lorenzen*. 3., verbesserte Auflage. Etwa 165 Seiten. 1966. (1176/1176a)

Philosophisches Wörterbuch von *M. Apel †*. 5., völlig neu bearbeitete Auflage von *P. Ludz*. 315 Seiten. 1958. (1031/1031 a)

Philosophische Anthropologie. Menschliche Selbstdeutung in Geschichte und Gegenwart von *M. Landmann*. 2., durchgesehene Auflage. 223 Seiten. 1964. (156/156a)

Pädagogik, Psychologie, Soziologie

Geschichte der Pädagogik von *Herm. Weimer* 17. Auflage von *Heinz Weimer*. 184 Seiten. 1966. (145/145a)

Therapeutische Psychologie. Ihr Weg durch die Psychoanalyse von *W. M. Kranefeldt*. Mit einer Einführung von *C. G. Jung*. 3. Auflage. 152 Seiten. 1956. (1034)

Allgemeine Psychologie von *Th. Erismann* †. 4 Bände.
I: Grundprobleme. 3. Auflage. 146 Seiten. 1965. (831)
II: Grundarten des psychischen Geschehens. 2., neubearbeitete Auflage. 248 Seiten. 1959. (832/832a)
III: Experimentelle Psychologie und ihre Grundlagen. 1. Teil. 2., neubearbeitete Auflage. 112 Seiten, 7 Abbildungen. 1962. (833)
IV: Experimentelle Psychologie und ihre Grundlagen. 2. Teil. 2., neubearbeitete Auflage. 199 Seiten, 20 Abbildungen. 1962. (834/834a)

Soziologie. Geschichte und Hauptprobleme von *L. von Wiese*. 7. Auflage. 176 Seiten. 1964. (101)

Ideengeschichte der sozialen Bewegung des 19. und 20. Jh. von *W. Hofmann*. 243 Seiten. 1962. (1205/1205a)

Sozialpsychologie von *P. R. Hofstätter*. 2. Auflage. 191 Seiten, 18 Abbildungen. 1964. (104/104a)

Psychologie des Berufs- und Wirtschaftslebens von *W. Moede* †. 190 Seiten, 48 Abbildungen. 1958. (851/851a)

Industrie- und Betriebssoziologie von *R. Dahrendorf*. 3. Auflage. 142 Seiten. 3 Figuren. 1965. (103)

Wirtschaftssoziologie von *F. Fürstenberg*. 122 Seiten. 1961. (1193)

Einführung in die Sozialethik von *H.-D. Wendland*. 144 S. 1963. (1203)

Religion

Jesus von *M. Dibelius* †. 3. Auflage, mit einem Nachtrag von *W. G. Kümmel*. 140 Seiten. 1960. (1130)

Paulus von *M. Dibelius* †. Nach dem Tode des Verfassers herausgegeben und zu Ende geführt von *W. G. Kümmel*. 3., durchgesehene Auflage. 156 Seiten. 1964. (1160)

Luther von *F. Lau* 2., verbesserte und erweiterte Auflage. Etwa 170 Seiten. 1966. (1187)

Melanchthon von *R. Stupperich*. 139 Seiten. 1960. (1190)

Zwingli von *F. Schmidt-Clausing*. 119 Seiten. 1965. (1219)

Sören Kierkegaard. Leben u. Werk von *H. Gerdes*. 134 Seiten. 1966. (1221)

Einführung in die Konfessionskunde der orthodoxen Kirchen von *K. Onasch*. 291 Seiten. 1962. (1197/1197a)

Geschichte des christlichen Gottesdienstes von *W. Nagel*. 215 Seiten. 1962. (1202/1202a)

Geschichte Israels. Von den Anfängen bis zur Zerstörung des Tempels (70 n.Chr.) von *E. L. Ehrlich*. 2. Aufl. 1966. In Vorbereitung. (231/231a)

Römische Religionsgeschichte von *F. Altheim*. 2 Bände. 2., umgearbeitete Auflage.
I: Grundlagen und Grundbegriffe. 116 Seiten. 1956. (1035)
II: Der geschichtliche Ablauf. 164 Seiten. 1956. (1052)

Die Religion des Buddhismus von *D. Schlingloff*. 2 Bände.
I: Der Heilsweg des Mönchstums. 122 Seiten, 11 Abbildungen, 1 Karte. 1962. (174)
II: Der Heilsweg für die Welt. 129 Seiten, 9 Abbildungen, 1 Karte. 1963. (770)

Musik

Musikästhetik von *H. J. Moser*. 180 Seiten. Mit zahlreichen Notenbeispielen. 1953. (344)

Systematische Modulation von *R. Hernried*. 2. Auflage. 136 Seiten. Mit zahlreichen Notenbeispielen. 1950. (1094)

Der polyphone Satz von *E. Pepping*. 2 Bände.
I: Der cantus-firmus-Satz. 2. Auflage. 233 Seiten. Mit zahlreichen Notenbeispielen. 1950. (1148)
II: Übungen im doppelten Kontrapunkt und im Kanon. 137 Seiten. Mit zahlreichen Notenbeispielen. 1957. (1164/1164a)

Allgemeine Musiklehre von *H. J. Moser*. 2., durchgesehene Auflage. 155 Seiten. Mit zahlreichen Notenbeispielen. 1955. (220/220a)

Harmonielehre von *H. J. Moser*. 2 Bände.
I: 109 Seiten. Mit 120 Notenbeispielen. 1954. (809)
II: In Vorbereitung. (810)

Die Musik des 19. Jahrhunderts von *W. Oehlmann*. 180 Seiten. 1953. (170)

Die Musik des 20. Jahrhunderts von *W. Oehlmann*. 312 Seiten. 1961. (171/171a)

Technik der deutschen Gesangskunst von *H. J. Moser*. 3., durchgesehene und verbesserte Auflage. 144 Seiten, 5 Figuren sowie Tabellen und Notenbeispiele. 1954. (576/576a)

Die Kunst des Dirigierens von *H. W. von Waltershausen †*. 2., vermehrte Auflage. 138 Seiten. Mit 19 Notenbeispielen 1954. (1147)

Die Technik des Klavierspiels aus dem Geiste des musikalischen Kunstwerkes von *K. Schubert †*. 3. Auflage. 110 Seiten. Mit Notenbeispielen. 1954. (1045)

Kunst

Stilkunde von *H. Weigert*. 2 Bände. 3., durchgesehene und ergänzte Auflage.
I: Vorzeit, Antike, Mittelalter. 136 Seiten, 94 Abbildungen. 1958. (80)
II: Spätmittelalter und Neuzeit. 150 Seiten, 88 Abbildungen. 1958. (781)

Archäologie von *A. Rumpf*. 3 Bände.
I: Einleitung, historischer Überblick. 143 Seiten, 6 Abbildungen, 12 Tafeln. 1953. (538)
II: Die Archäologensprache. Die antiken Reproduktionen. 136 Seiten. 7 Abbildungen, 12 Tafeln. 1956. (539)
III: In Vorbereitung. (540)

Geschichte

Einführung in die Geschichtswissenschaft von *P. Kirn*. 4., durchgesehene Auflage. 127 Seiten. 1963. (270)

Einführung in die Zeitgeschichte von *B. Scheurig*. 101 Seiten. 1962. (1204)

GEISTESWISSENSCHAFTEN

Zeitrechnung der römischen Kaiserzeit, des Mittelalters und der Neuzeit für die Jahre 1—2000 n. Chr. von *H. Lietzmann †*. 3. Auflage, durchgesehen von *K. Aland*. 130 Seiten. 1956. (1085)

Kultur der Urzeit von *F. Behn*. 3 Bände. 4. Auflage der Kultur der Urzeit Bd. 1—3 von *M. Hoernes*.

I: Die vormetallischen Kulturen. (Die Steinzeiten Europas. Gleichartige Kulturen in anderen Erdteilen.) 172 Seiten, 48 Abbildungen. 1950. (564)

II: Die älteren Metallkulturen. (Der Beginn der Metallbenutzung, Kupfer- und Bronzezeit in Europa, im Orient und in Amerika.) 160 Seiten, 67 Abbildungen. 1950. (565)

III: Die jüngeren Metallkulturen. (Das Eisen als Kulturmetall, Hallstatt-Latène-Kultur in Europa. Das erste Auftreten des Eisens in den anderen Weltteilen.) 149 Seiten, 60 Abbildungen. 1950. (566)

Vorgeschichte Europas von *F. Behn*. Völlig neue Bearbeitung der 7. Auflage der „Urgeschichte der Menschheit" von *M. Hoernes*. 125 Seiten, 47 Abbildungen. 1949. (42)

Der Eintritt der Germanen in die Geschichte von *J. Haller †*. 3. Auflage, durchgesehen von *H. Dannenbauer*. 120 Seiten, 6 Kartenskizzen. 1957. (1117)

Von den Karolingern zu den Staufern. Die altdeutsche Kaiserzeit (900—1250) von *J. Haller †*. 4., durchgesehene Auflage von *H. Dannenbauer*. 142 Seiten, 4 Karten. 1958. (1065)

Von den Staufern zu den Habsburgern. Auflösung des Reichs und Emporkommen der Landesstaaten (1250 —1519) von *J. Haller †*. 2., durchgesehene Auflage von *H. Dannenbauer*. 118 Seiten, 6 Kartenskizzen. 1960. (1077)

Deutsche Geschichte im Zeitalter der Reformation, der Gegenreformation und des dreißigjährigen Krieges von *F. Hartung*. 2., durchgesehene Auflage. 128 Seiten. 1963 (1105)

Deutsche Geschichte von 1648—1740. Politischer und geistiger Wiederaufbau von *W. Treue*. 120 Seiten. 1956. (35)

Deutsche Geschichte von 1713—1806. Von der Schaffung des europäischen Gleichgewichts bis zu Napoleons Herrschaft von *W. Treue*. 168 Seiten. 1957. (39)

Deutsche Geschichte von 1806—1890. Vom Ende des alten bis zur Höhe des neuen Reiches von *W. Treue*. 128 Seiten. 1961. (893)

Deutsche Geschichte von 1890 bis zur Gegenwart von *W. Treue*. In Vorbereitung. (894)

Quellenkunde der Deutschen Geschichte im Mittelalter (bis zur Mitte des 15. Jahrhunderts) von *K. Jacob †*. 3 Bände.

I: Einleitung. Allgemeiner Teil. Die Zeit der Karolinger. 6. Auflage, bearbeitet von *H. Hohenleutner*. 127 Seiten. 1959. (279)

II: Die Kaiserzeit (911—1250). 5. Auflage, neubearbeitet von *H. Hohenleutner*. 141 Seiten. 1961. (280)

III: Das Spätmittelalter (vom Interregnum bis 1500). Herausgegeben von *F. Weden*. 152 Seiten. 1952. (284)

Geschichte Englands von *H. Preller*. 2 Bände.
I: bis 1815. 3., stark umgearbeitete Auflage. 135 Seiten, 7 Stammtafeln, 2 Karten. 1952. (375)
II: Von 1815 bis 1910. 2., völlig umgearbeitete Auflage. 118 Seiten, 1 Stammtafel, 7 Karten. 1954. (1088)

Römische Geschichte von *F. Altheim*. 4 Bände. 2., verbesserte Auflage.
I: Bis zur Schlacht bei Pydna (168 v. Chr.). 124 Seiten. 1956. (19)
II: Bis zur Schlacht bei Actium (31 v. Chr.). 129 Seiten, 1956. (677)
III: Bis zur Schlacht an der Milvischen Brücke (312 n. Chr.). 148 Seiten. 1958. (679)
IV: Bis zur Schlacht am Yarmuk (636 n. Chr.). In Vorbereitung. (684)

Geschichte der Vereinigten Staaten von Amerika von *O. Graf zu Stolberg-Wernigerode*. 192 Seiten, 10 Karten. 1956. (1051/1051a)

Deutsche Sprache und Literatur

Geschichte der Deutschen Sprache von *H. Sperber*. 5., neubearbeitete Auflage von *P. von Polenz*. 136 Seiten. 1966. (915)

Deutsches Rechtschreibungswörterbuch von *M. Gottschald †*. 2., verbesserte Auflage. 219 Seiten. 1953. (200/200a)

Deutsche Wortkunde. Kulturgeschichte des deutschen Wortschatzes von *A. Schirmer*. 5. Auflage von *W. Mitzka*. 125 Seiten. 1965. (929)

Deutsche Sprachlehre von *W. Hofstaetter*. 10. Auflage. Völlige Umarbeitung der 8. Auflage. 150 Seiten. 1960. (20)

Stimmkunde für Beruf, Kunst und Heilzwecke von *H. Biehle*. 111 Seiten. 1955. (60)

Redetechnik. Einführung in die Rhetorik von *H. Biehle*. 2., erweiterte Auflage. 151 Seiten. 1961. (61)

Sprechen und Sprachpflege (Die Kunst des Sprechens) von *H. Feist*. 3. Aufl. Etwa 99 Seiten, 25 Abbildungen. 1966 In Vorbereitung (1122)

Deutsches Dichten und Denken von der germanischen bis zur staufischen Zeit von *H. Naumann †*. (Deutsche Literaturgeschichte vom 5.—13. Jahrhundert.) 3., verbesserte Auflage. 1966 (1121)

Deutsches Dichten und Denken vom Mittelalter zur Neuzeit von *G. Müller* (1270 bis 1700). 3., durchgesehene Auflage. 159 Seiten. In Vorbereitung. (1086)

Deutsches Dichten und Denken von der Aufklärung bis zum Realismus (Deutsche Literaturgeschichte von 1700—1890) von *K. Viëtor †*. 3., durchgesehene Auflage. 159 Seiten. 1958. (1096)

Deutsche Heldensage von *H. Schneider*. 2. Auflage, bearbeitet von *R. Wisniewski*. 148 Seiten. 1964. (32)

Der Nibelunge Nôt in Auswahl mit kurzem Wörterbuch von *K. Langosch*. 11., durchgesehene Auflage. 166 Seiten. 1966. (1)

Kudrun und Dietrich-Epen in Auswahl mit Wörterbuch von *O. L. Jiriczek*. 6. Auflage, bearbeitet von *R. Wisniewski*. 173 Seiten. 1957. (10)

Wolfram von Eschenbach. Parzifal. Eine Auswahl mit Anmerkungen und Wörterbuch von *H. Jantzen*. 3. Auflage, bearbeitet von *H. Kolb*. 128 Seiten. 1966. (921)

Hartmann von Aue. Der arme Heinrich nebst einer Auswahl aus der „Klage" dem „Gregorius" und den Liedern (mit einem Wörterverzeichnis) herausgegeben von *F. Maurer*. 96 Seiten. 1958. (18)
Gottfried von Straßburg. Tristan und Isolde in Auswahl herausgegeben von *F. Maurer*. 2. Auflage. 142 Seiten. 1965. (22)
Die deutschen Personennamen von *M. Gottschald †*. 2., verbesserte Auflage. 151 Seiten. 1955. (422)
Althochdeutsches Elementarbuch. Grammatik und Texte von *H. Naumann †* und *W. Betz*. 4., verbesserte und vermehrte Auflage. 183 Seiten. 1966. In Vorbereitung. (1111/1111a)
Mittelhochdeutsche Grammatik von *H. de Boor* und *R. Wisniewski*. 4., verbesserte und ergänzte Auflage. 150 Seiten. 1965. (1108)

Indogermanisch, Germanisch

Indogermanische Sprachwissenschaft von *H. Krahe*. 2 Bände. 4., überarbeitete Auflage.
I: Einleitung und Lautlehre. 110 Seiten. 1962. (59)
II: Formenlehre. 100 Seiten. 1963. (64)
Sanskrit-Grammatik mit sprachvergleichenden Erläuterungen von *M. Mayrhofer*. 2., völlig neu bearbeitete Auflage. 110 Seiten. 1965. (1158/1158a)
Gotisches Elementarbuch. Grammatik. Texte mit Übersetzung und Erläuterungen von *H. Hempel*. 4., neubearbeitete Auflage. 166 Seiten. 1966. (79/79a)
Altnordisches Elementarbuch. Einführung, Grammatik, Texte (zum Teil mit Übersetzung) und Wörterbuch von *F. Ranke*. 3., völlig umgearb. Auflage von *D. Hofmann*. Etwa 180 Seiten. 1966. Im Druck. (1115/1115a)
Germanische Sprachwissenschaft von *H. Krahe*. 3 Bände.
I: Einleitung und Lautlehre. 5. überarbeitete Auflage. 147 Seiten. 1963. (238)
II: Formenlehre. 5., verbesserte Auflage. 149 Seiten. 1965. (780)
III: Wortbildungslehre von *W. Meid*. Etwa 240 Seiten. 1966. (1218/1218a/1218b)

Englisch, Romanisch

Altenglisches Elementarbuch. Einführung, Grammatik, Texte mit Übersetzung und Wörterbuch von *M. Lehnert*. 6., verbesserte Auflage. 178 Seiten. 1965. (1125)
Historische neuenglische Laut- und Formenlehre von *E. Ekwall*. 4., verbesserte Auflage. 150 Seiten. 1965. (735)
Englische Phonetik von *H. Mutschmann †*. 2. Auflage, bearbeitet von *G. Scherer*. 127 Seiten. 1963. (601)
Englische Literaturgeschichte von *F. Schubel*. 4 Bände.
I: Die alt- und mittelenglische Periode. 163 Seiten. 1954. (1114)
II: Von der Renaissance bis zur Aufklärung. 160 Seiten. 1956. (1116)
III: Romantik und Viktorianismus. 160 Seiten. 1960. (1124)

Beowulf von *M. Lehnert*. Eine Auswahl mit Einführung, teilweiser Übersetzung, Anmerkungen und etymologischem Wörterbuch. 3., verbesserte Auflage. 135 Seiten. 1959. (1135)

Shakespeare von *P. Meißner †*. 2. Auflage, neubearbeitet von *M. Lehnert*. 136 Seiten. 1954. (1142)

Romanische Sprachwissenschaft von *H. Lausberg*. 4 Bände.
I: Einleitung und Vokalismus. 2., durchgesehene Auflage. 211 Seiten. 1963. (128/128a)
II: Konsonantismus. 2. Auflage. In Vorbereitung. (250)
III: Formenlehre. 1. Teil. 99 Seiten. 1962. (1199)
III: Formenlehre. 2. Teil. S. 99—260. 1962. (1200/1200a)
IV: Wortlehre. In Vorbereitung. (1208)

Griechisch, Lateinisch

Griechische Sprachwissenschaft von *W. Brandenstein*. 3 Bände.
I: Einleitung, Lautsystem, Etymologie. 160 Seiten. 1954. (117)
II: Wortbildung und Formenlehre. 192 Seiten. 1959. (118/118a)
III: Syntax I. Einleitung. Die Flexibilien. 145 Seiten. 1966. (924/924a)

Geschichte der griechischen Sprache. 2 Bände
I: Bis zum Ausgang der klassischen Zeit von *O. Hoffmann †*. 3. Auflage, bearbeitet von *A. Debrunner †*. 156 Seiten. 1953. (111)
II: Grundfragen und Grundzüge des nachklassischen Griechisch von *A. Debrunner †*. 144 Seiten. 1954. (114)

Geschichte der griechischen Literatur von *W. Nestle*. 2 Bände. 3. Auflage, bearbeitet von *W. Liebich*.
I: 144 Seiten. 1961. (70)
II: 149 Seiten. 1963. (557)

Grammatik der neugriechischen Volkssprache von *J. Kalitsunakis*. 3., wesentlich erweiterte und verbesserte Auflage. 196 Seiten. 1963. (756/756a)

Neugriechisch-deutsches Gesprächsbuch von *J. Kalitsunakis*. 2. Auflage, bearbeitet von *A. Steinmetz*. 99 Seiten. 1960. (587)

Geschichte der lateinischen Sprache von *F. Stolz* und *A. Debrunner †*. 4. Auflage, bearbeitet von *W. P. Schmid*. 1966. In Vorbereitung. (492/492a/708b)

Geschichte der römischen Literatur von *L. Bieler*. 2., verbesserte Auflage. 2 Bände.
I: Die Literatur der Republik. 160 Seiten. 1965. (52)
II: Die Literatur der Kaiserzeit. 133 Seiten. 1965. (866)

Orientalistik, Slavische Sprachen

Die Keilschrift von *B. Meissner*. 3. Auflage, neubearbeitet von *K. Oberhuber*. Etwa 150 Seiten. 1966. (708/708a/708b)

Die Hieroglyphen von *A. Erman*. 3. Auflage, neu bearbeitet von *O. Krückmann*. 1966. In Vorbereitung. (608/608a/608b)

Hebräische Grammatik von *R. Meyer*. 3 Bände.
I: Einleitung, Schrift- und Lautlehre. 3., neubearbeitete Auflage. 120 Seiten. 1966. (763/763a/763b)
II: Formenlehre und Flexionstabellen. 3. Auflage. In Vorbereitung. (764/764a/764b)
III: Satzlehre. In Vorbereitung (765/765a/765b)
Hebräisches Textbuch zu *G. Beer-R. Meyer*, Hebräische Grammatik von *R. Meyer*. 170 Seiten. 1960. (769/769a)
Slavische Sprachwissenschaft von *H. Bräuer*. 2 Bände.
I: Einleitung, Lautlehre. 221 Seiten. 1961. (1191/1191a)
Vergleichende Geschichte der slavischen Literaturen von *D. Tschižewskij*. 2 Bände. 1966. In Vorbereitung.
I: Einführung. Anfänge des slavischen Schrifttums bis zum Klassizismus. (1222)
II: Romantik bis zur Moderne. (1223)
Russische Grammatik von *E. Berneker †*. 6., verbesserte Auflage von *M. Vasmer †*. 155 Seiten. 1961. (66)
Polnische Grammatik von *N. Damerau*. Etwa 140 Seiten. 1966. (942/942a)

Erd- und Länderkunde, Kartographie

Afrika von *F. Jaeger*. Ein geographischer Überblick. 2 Bände. 3. Auflage.
I: Der Lebensraum. 179 Seiten, 18 Abbildungen. In Vorbereitung. (910)
II: Mensch und Kultur. 155 Seiten, 6 Abbildungen. In Vorbereitung. (911)
Australien und Ozeanien von *H. J. Krug*. 176 Seiten, 46 Skizzen. 1953. (319)
Kartographie von *V. Heissler*. 2. Auflage. 213 Seiten, 125 Abb., 8 Anlagen. 1966. (30/30a)

Volkswirtschaft, Statistik, Publizistik

Allgemeine Betriebswirtschaftslehre von *K. Mellerowicz*. 4 Bände. 11. und 12., durchgesehene Auflage.
I: 224 Seiten. 1964. (1008/1008a)
II: 188 Seiten. 1966. (1153/1153a)
III: 260 Seiten. 1963. (1154/1154a)
IV: 209 Seiten. 1963. (1186/1186a)
Allgemeine Volkswirtschaftslehre von *A. Paulsen*. 4 Bände.
I: Grundlegung, Wirtschaftskreislauf. 7. Auflage. 159 Seiten. 11 Abbildungen. 1966. (1169)
II: Haushalte, Unternehmungen, Marktformen. 7. Auflage. 172 Seiten. 31 Abbildungen. 1966. (1170)
III: Produktionsfaktoren. 4. Auflage. 198 Seiten, 24 Abbildungen. 1965. (1171)
IV: Gesamtbeschäftigung, Konjunkturen, Wachstum. 4., neubearbeitete und ergänzte Auflage. 188 Seiten. 1966. (1172)

Geschichte der Volkswirtschaftslehre von *S. Wendt*. 182 S. 1961. (1194)
Allgemeine Volkswirtschaftspolitik von *H. Ohm*. 2 Bände.
I: Systematisch-Theoretische Grundlegung. 2., verbesserte und ergänzte Auflage. 137 Seiten, 6 Abbildungen. 1965. (1195)
II: Der volkswirtschaftliche Gesamtorganismus als Objekt der Wirtschaftspolitik. In Vorbereitung. (1196)
Finanzwissenschaft von *H. Kolms*. 4 Bände.
I: Grundlegung, Öffentliche Ausgaben. 3., verbesserte Auflage. 159 Seiten. 1966. (148)
II: Erwerbseinkünfte, Gebühren und Beiträge, Allgemeine Steuerlehre. 3., verbesserte Auflage. 148 Seiten. 1966. In Vorbereitung (391)
III: Besondere Steuerlehre. 178 Seiten. 1962. (776)
IV: Öffentlicher Kredit. Öffentlicher Haushalt. Finanzausgleich. 191 Seiten. 1964. (782/782a)
Finanzmathematik von *M. Nicolas*. 192 Seiten, 11 Tafeln, 8 Tabellen und 72 Beispiele. 1959. (1183/1183a)
Buchhaltung und Bilanz von *E. Kosiol*. 170 Seiten. 1964. (1213/1213a)
Industrie- und Betriebssoziologie von *R. Dahrendorf*. 3. Auflage. 142 Seiten, 3 Figuren. 1965. (103)
Wirtschaftssoziologie von *F. Fürstenberg*. 122 Seiten. 1961. (1193)
Psychologie des Berufs- und Wirtschaftslebens von *W. Moede†*. 190 Seiten, 48 Abbildungen. 1958. (851/851a)
Einführung in die Arbeitswissenschaft von *H. H. Hilf*. 169 Seiten, 57 Abbildungen. 1964. (1212/1212a)
Allgemeine Methodenlehre der Statistik von *J. Pfanzagl*. 2 Bände.
I: Elementare Methoden unter besonderer Berücksichtigung der Anwendungen in den Wirtschafts- und Sozialwissenschaften. 3., neubearbeitete Auflage. 266 Seiten, 50 Abbildungen. 1966. (746/746a)
II: Höhere Methoden unter besonderer Berücksichtigung der Anwendungen in Naturwissenschaften, Medizin und Technik. 2., verbesserte Auflage. 315 Seiten, 41 Abbildungen. 1966. (747/747a)
Zeitungslehre von *E. Dovifat*. 2 Bände. 4., neubearbeitete Auflage.
I: Theoretische und rechtliche Grundlagen — Nachricht und Meinung — Sprache und Form. 149 Seiten. 1962. (1039)
II: Redaktion — Die Sparten: Verlag und Vertrieb, Wirtschaft und Technik — Sicherung der öffentlichen Aufgabe. 168 Seiten. 1962. (1040)

Naturwissenschaften

Mathematik

Geschichte der Mathematik von *J. E. Hofmann.* 4 Bände.
I: Von den Anfängen bis zum Auftreten von Fermat und Descartes. 2., verbesserte und vermehrte Auflage. 251 Seiten. 1963. (226/226a)
II: Von Fermat und Descartes bis zur Erfindung des Calculus und bis zum Ausbau der neuen Methoden. 109 Seiten. 1957. (875)
III: Von den Auseinandersetzungen um den Calculus bis zur französischen Revolution. 107 Seiten. 1957. (882)
IV: Geschichte der Mathematik der neuesten Zeit von *N. Stuloff.* In Vorbereitung. (883)

Mathematische Formelsammlung von *F. O. Ringleb.* 8., erweiterte Auflage. Etwa 320 Seiten. 40 Figuren. 1966. (51/51a)

Vierstellige Tafeln und Gegentafeln für logarithmisches und trigonometrisches Rechnen in zwei Farben zusammengestellt von *H. Schubert* und *R. Haussner.* 3., neubearbeitete Auflage von *J. Erlebach.* 158 Seiten. 1960. (81)

Fünfstellige Logarithmen mit mehreren graphischen Rechentafeln und häufig vorkommenden Zahlenwerten von *A. Adler.* 4. Auflage, überarbeitet von *J. Erlebach.* 127 Seiten, 1 Tafel. 1962. (423)

Arithmetik von *P. B. Fischer†.* 3. Auflage von *H. Rohrbach.* 152 Seiten, 19 Abbildungen. 1958. (47)

Höhere Algebra von *H. Hasse.* 2 Bände.
I: Lineare Gleichungen. 5., neubearbeitete Auflage. 150 Seiten. 1963. (931)
II: Gleichungen höheren Grades. 4., durchgesehene Auflage. 158 Seiten, 5 Figuren. 1958. (932)

Aufgabensammlung zur höheren Algebra von *H. Hasse* und *W. Klobe.* 3., verbesserte Auflage. 183 Seiten. 1961. (1082)

Elementare und klassische Algebra vom modernen Standpunkt von *W. Krull.* 2 Bände.
I: 3., erweiterte Auflage. 148 Seiten. 1963. (930)
II: 132 Seiten. 1959. (933)

Lineare Programmierung von *H. Langen.* Etwa 200 Seiten. (1206/1206a)

Algebraische Kurven und Flächen von *W. Burau.* 2 Bände.
I: Algebraische Kurven der Ebene. 153 Seiten, 28 Abbildungen. 1962. (435)
II: Algebraische Flächen 3. Grades und Raumkurven 3. und 4. Grades. 162 Seiten, 17 Abbildungen. 1962. (436/436a)

Einführung in die Zahlentheorie von *A. Scholz†.* Überarbeitet und herausgegeben von *B. Schoeneberg.* 4. Auflage. Etwa 128 Seiten. 1966. (1131)

Formale Logik von *P. Lorenzen.* 2., verbesserte Auflage. Etwa 165 Seiten. 1962. (1176/1176a)

Topologie von *W. Franz*. 2 Bände.
I: Allgemeine Topologie. 2., verbesserte Auflage. 144 Seiten, 9 Figuren. 1965. (1181)
II: Algebraische Topologie. 153 Seiten. 1965. (1182/1182a)

Elemente der Funktionentheorie von *K. Knopp†*. 7. Auflage. 144 Seiten, 23 Figuren. 1966. (1109)

Funktionentheorie von *K. Knopp†*. 2 Bände. 11. Auflage.
I: Grundlagen der allgemeinen Theorie der analytischen Funktionen. 144 Seiten, 8 Figuren. 1965. (668)
II: Anwendungen und Weiterführung der allgemeinen Theorie. 130 Seiten, 7 Figuren. 1965. (703)

Aufgabensammlung zur Funktionentheorie von *K. Knopp†*. 2 Bände.
I: Aufgaben zur elementaren Funktionentheorie. 7. Auflage. 135 Seiten. 1965. (877)
II: Aufgaben zur höheren Funktionentheorie. 6. Auflage 151 Seiten. 1964. (878)

Differential- und Integralrechnung von *M. Barner*. (Früher *Witting*). 4 Bände.
I: Grenzwertbegriff, Differentialrechnung. 2., durchgesehene Auflage. 176 Seiten, 39 Figuren. 1963. (86)

Gewöhnliche Differentialgleichungen von *G. Hoheisel*. 7., neubearbeitete und erweiterte Auflage. 142 Seiten. 1965. (920/920a)

Partielle Differentialgleichungen von *G. Hoheisel*. 4., durchgesehene Auflage. 128 Seiten. 1960. (1003)

Aufgabensammlung zu den gewöhnlichen und partiellen Differentialgleichungen von *G. Hoheisel*. 4., neubearbeitete Auflage. 153 Seiten. 1964. (1059/1059a)

Integralgleichungen von *G. Hoheisel*. 2., neubearbeitete und erweiterte Auflage. 112 Seiten. 1963. (1099)

Mengenlehre von *E. Kamke*. 5. Auflage. 194 Seiten, 6 Figuren. 1965. (999/999a)

Gruppentheorie von *L. Baumgartner*. 4., erweiterte Auflage. 190 Seiten, 3 Tafeln. 1964. (837/837a)

Ebene und sphärische Trigonometrie von *G. Hessenberg†*. 5. Auflage, durchgesehen von *H. Kneser*. 172 Seiten, 60 Figuren. 1957. (99)

Darstellende Geometrie von *W. Haack*. 3 Bände.
I: Die wichtigsten Darstellungsmethoden. Grund- und Aufriß ebenflächiger Körper. 5. Auflage. 113 Seiten 120 Abbildungen. 1965. (142)
II: Körper mit krummen Begrenzungsflächen. Kotierte Projektionen. 4., durchgesehene Auflage. 129 Seiten, 86 Abbildungen. 1965. (143)
III: Axonometrie und Perspektive. 3. Auflage. 129 Seiten, 100 Abbildungen. 1965. (144)

Analytische Geometrie von *K. P. Grotemeyer*. 3., neubearbeitete Auflage. 218 Seiten, 73 Abbildungen. 1964. (65/65a)

Nichteuklidische Geometrie. Hyperbolische Geometrie der Ebene von *R. Baldus†*. 4. Auflage, bearbeitet und ergänzt von *F. Löbell*. 158 Seiten, 75 Figuren. 1964. (970/970a)

Differentialgeometrie von *K. Strubecker*. 3 Bände.
I: Kurventheorie der Ebene und des Raumes. 2., erweiterte Auflage. 253 Seiten, 45 Figuren. 1964. (1113/1113a)
II: Theorie der Flächenmetrik. 195 Seiten, 14 Figuren. 1958. (1179/1179a)
III: Theorie der Flächenkrümmung. 254 Seiten, 38 Figuren. 1959. (1180/1180a)

Variationsrechnung von *L. Koschmieder*. 2 Bände. 2., neubearbeitete Auflage.
I: Das freie und gebundene Extrem einfacher Grundintegrale. 128 Seiten, 23 Figuren. 1962. (1074)
II: Anwendung klassischer Verfahren auf allgemeine Fragen des Extrems. — Neuere unmittelbare Verfahren. In Vorbereitung. (1075)

Einführung in die konforme Abbildung von *L. Bieberbach*. 6. Auflage. Etwa 180 Seiten, 42 Figuren. 1966. In Vorbereitung. (768/768a)

Vektoren und Matrizen von *S. Valentiner*. 3. Auflage. (10., erweiterte Auflage der „Vektoranalysis"). Mit Anhang: Aufgaben zur Vektorrechnung von *H. König*. 206 Seiten, 35 Figuren. 1963. (354/354a)

Wahrscheinlichkeitstheorie und Grundzüge der Maßtheorie von *H. Bauer*. 2 Bände.
I: 154 Seiten. 1964. (1216/1216a)
II: In Vorbereitung. (1217)

Versicherungsmathematik von *F. Böhm*. 2 Bände.
I: Elemente der Versicherungsrechnung. 3., vermehrte und verbesserte Auflage. Durchgesehener Neudruck. 151 Seiten. 1953. (180)
II: Lebensversicherungsmathematik. Einführung in die technischen Grundlagen der Sozialversicherung. 2., verbesserte und vermehrte Auflage. 205 Seiten. 1953. (917/917a)

Finanzmathematik von *M. Nicolas*. 192 Seiten, 11 Tafeln, 8 Tabellen und 72 Beispiele. 1959. (1183/1183a)

Kinematik von *H. R. Müller*. 171 Seiten, 75 Figuren. 1963. (584/584a)

Physik

Einführung in die theoretische Physik von *W. Döring*. 5 Bände.
I: Mechanik. 3., verbesserte Aufl. 125 Seiten, 23 Abb. 1965. (76)
II: Das elektromagnetische Feld. 2., verbesserte Auflage. 132 Seiten, 15 Abbildungen. 1962. (77)
III: Optik. 2., verbesserte Auflage. 117 Seiten, 32 Abbildungen. 1963. (78)
IV: Thermodynamik. 2., verbesserte Auflage. 107 Seiten, 9 Abbildungen. 1964. (374)
V: Statistische Mechanik. 2., verbesserte Auflage. 114 Seiten, 12 Abbildungen. 1966. (1017)

Mechanik deformierbarer Körper von *M. Päsler*. 199 Seiten, 48 Abbildungen. 1960. (1189/1189a)

Atomphysik von *K. Bechert, Ch. Gerthsen†* und *A. Flammersfeld.* 7 Bände. 4., durchgesehene Auflage.
I: Allgemeine Grundlagen. 1. Teil von *A. Flammersfeld.* 124 Seiten, 35 Abbildungen. 1959. (1009)
II: Allgemeine Grundlagen. 2. Teil von *A. Flammersfeld.* 112 Seiten, 47 Abbildungen. 1963. (1033)
III: Theorie des Atombaus. 1. Teil von *K. Bechert.* 148 Seiten, 16 Abbildungen. 1963. (1123/1123a)
IV: Theorie des Atombaus. 2. Teil von *K. Bechert.* 170 Seiten, 14 Abbildungen. 1963. (1165/1165a)

Differentialgleichungen der Physik von *F. Sauter.* 4., durchgesehene und ergänzte Auflage. 148 Seiten, 16 Figuren. 1966. (1070)

Physikalische Formelsammlung von *G. Mahler. †.* Fortgeführt von *K. Mahler.* Neubearbeitet von *H. Graewe.* 11. Auflage. 167 Seiten, 69 Figuren. 1963. (136)

Physikalische Aufgabensammlung mit Ergebnissen von *G. Mahler †.* Fortgeführt von *K. Mahler.* Neubearbeitet von *H. Graewe.* 12. Auflage. 141 Seiten. 1964. (243)

Chemie

Geschichte der Chemie in kurzgefaßter Darstellung von *G. Lockemann.* 2 Bände. 2. Auflage.
I: Vom Altertum bis zur Entdeckung des Sauerstoffs. 142 Seiten, 8 Bildnisse. In Vorbereitung. (264)
II: Von der Entdeckung des Sauerstoffs bis zur Gegenwart. 151 Seiten, 16 Bildnisse. In Vorbereitung (265/265a)

Anorganische Chemie von *W. Klemm.* 13. Auflage. 255 Seiten, 34 Abbildungen. 1964. (37/37a)

Organische Chemie von *W. Schlenk jun.* 10., erweiterte Auflage. 273 Seiten, 16 Abbildungen. 1965. (38/38a)

Physikalische Methoden in der Organischen Chemie von *G. Kresze.* 2 Bände.
I: 119 Seiten, 65 Abbildungen. 1962. (44)
II: 164 Seiten. 1962. (45/45a)

Allgemeine und physikalische Chemie von *W. Schulze.* 2 Bände.
I: 6., verbesserte Auflage. 139 Seiten, 10 Figuren. 1964. (71)
II: 6., verbesserte Auflage. 178 Seiten, 37 Figuren. 1966. (698/698a)

Molekülbau. Theoretische Grundlagen und Methoden der Strukturermittlung von *W. Schulze.* 123 Seiten, 43 Figuren. 1958. (786)

Einfache Versuche zur allgemeinen und physikalischen Chemie von *E. Dehn.* 371 Versuche mit 40 Abbildungen. 272 Seiten. 1962. (1201/1201a)

Physikalisch-chemische Rechenaufgaben von *E. Asmus.* 3., verbesserte Auflage. 96 Seiten. 1958. (445)

Maßanalyse. Theorie und Praxis der klassischen und der elektrochemischen Titrierverfahren von *G. Jander* und *K. F. Jahr.* 10., erweiterte Auflage, mitbearbeitet von *H. Knoll.* 358 Seiten, 56 Figuren. 1963. (221/221a)

Qualitative Analyse von *H. Hofmann* u. *G. Jander*. 2., durchgesehene und verbesserte Auflage. 308 Seiten, 5 Abbildungen. 1963. (247/247 a)

Stöchiometrische Aufgabensammlung von *W. Bahrdt†* und *R. Scheer*. Mit den Ergebnissen. 8., durchgesehene Auflage. 119 Seiten. 1964. (452)

Elektrochemie von *K. Vetter*. 2 Bände.
- I: In Vorbereitung. (252)
- II: In Vorbereitung. (253)

Kristallchemie von *J. Zemann*. Etwa 160 Seiten, 90 Abbildungen. 1966. In Vorbereitung. (1220/1220a)

Technologie

Die Chemie der Kunststoffe von *K. Hamann*, unter Mitarbeit von *W. Funke* und *H. D. Hermann*. 2. Aufl. 143 Seiten. 1966. In Vorbereitung. (1173/1173a)

Warenkunde von *K. Hassak* und *E. Beutel†*. 2 Bände.
- I: Anorganische Waren sowie Kohle und Erdöl. 8. Auflage. Neubearbeitet von *A. Kutzelnigg*. 119 Seiten, 18 Figuren. 1958. (222)
- II: Organische Waren. 8. Auflage. Vollständig neu bearbeitet von *A. Kutzelnigg*. 157 Seiten, 32 Figuren. 1959. (223)

Die Fette und Öle von *Th. Klug*. 6., verbesserte Auflage. 143 Seiten. 1961. (335)

Die Seifenfabrikation von *K. Braun* †. 3., neubearbeitete und verbesserte Auflage von *Th. Klug*. 116 Seiten, 18 Abbildungen. 1953. (336)

Thermische Verfahrenstechnik von *H. Bock*. 3 Bände.
- I: Eigenschaften und Verhalten der realen Stoffe. 164 Seiten, 28 Abbildungen. 1963. (1209/1209a)
- II: Funktion und Berechnung der elementaren Geräte. 195 Seiten, 54 Abbildungen. 1964. (1210/1210a)
- III: Fließbilder, ihre Funktion und ihr Zusammenbau aus Geräten. 224 Seiten, 67 Abbildungen. 1965. (1211/1211a)

Textilindustrie von *A. Blümcke*.
- I: Spinnerei und Zwirnerei. 111 Seiten, 43 Abbildungen. 1954. (184)

Biologie

Einführung in die allgemeine Biologie und ihre philosophischen Grund- und Grenzfragen von *M. Hartmann*. 2., unveränderte Auflage. 132 Seiten, 2 Abbildungen. 1965. (96)

Hormone von *G. Koller*. 2., neubearbeitete und erweiterte Auflage. 187 Seiten, 60 Abbildungen, 19 Tabellen. 1949. (1141)

Fortpflanzung im Tier- und Pflanzenreich von *J. Hämmerling*. 2., ergänzte Auflage. 135 Seiten, 101 Abbildungen. 1951. (1138)

Geschlecht und Geschlechtsbestimmung im Tier- und Pflanzenreich von *M. Hartmann*. 2., verbesserte Auflage. 116 Seiten, 61 Abbildungen, 7 Tabellen. 1951. (1127)

Symbiose der Tiere mit pflanzlichen Mikroorganismen von *P. Buchner.* 2., verbesserte und vermehrte Auflage. 130 Seiten, 121 Abbildungen. 1949. (1128)

Grundriß der allgemeinen Mikrobiologie von *W.* u. *A. Schwartz.* 2 Bände. 2., verbesserte und ergänzte Auflage.
I: 147 Seiten, 25 Abbildungen. 1960. (1155)
II: 142 Seiten, 29 Abbildungen. 1961. (1157)

Botanik

Entwicklungsgeschichte des Pflanzenreiches von *H. Heil.* 2. Auflage. 138 Seiten, 94 Abbildungen, 1 Tabelle. 1950. (1137)

Morphologie der Pflanzen von *L. Geitler.* 3., umgearbeitete Auflage. 126 Seiten, 114 Abbildungen. 1953. (141)

Pflanzengeographie von *L. Diels†.* 5., völlig neu bearbeitete Auflage von *F. Mattick.* 195 Seiten, 2 Karten. 1958. (389/389a)

Die Laubhölzer. Kurzgefaßte Beschreibung der in Mitteleuropa gedeihenden Laubbäume und Sträucher von *F. W. Neger†* und *E. Münch†.* 3., durchgesehene Auflage, herausgegeben von *B. Huber.* 143 Seiten, 63 Figuren, 7 Tabellen. 1950. (718)

Die Nadelhölzer (Koniferen) und übrigen Gymnospermen von *F. W. Neger†* und *E. Münch†.* 4. Auflage, durchgesehen und ergänzt von *B. Huber.* 140 Seiten, 75 Figuren, 4 Tabellen, 3 Karten. 1952. (355)

Pflanzenzüchtung von *H. Kuckuck.* 2 Bände.
I: Grundzüge der Pflanzenzüchtung. 3., völlig umgearbeitete und erweiterte Auflage. 132 Seiten, 22 Abbildungen. 1952. (1134)
II: Spezielle gartenbauliche Pflanzenzüchtung (Züchtung von Gemüse, Obst und Blumen). 178 Seiten, 27 Abbildungen. 1957. (1178/1178a)

Zoologie

Entwicklungsphysiologie der Tiere von *F. Seidel.* 2 Bände.
I: Ei und Furchung. 2. Auflage. Etwa 160 Seiten, 61 Abbildungen. 1966. (1162)
II: Körpergrundgestalt und Organbildung. 2. Auflage. In Vorbereitung (1163)

Vergleichende Physiologie der Tiere von *K. Herter.* 2 Bände. 4. Auflage der „Tierphysiologie".
I: Stoff- und Energiewechsel. Neu bearbeitet von *K. Urich.* 158 Seiten, 61 Abbildungen. 1966. (972/972a)
II: Bewegung und Reizerscheinungen. Neu bearbeitet von *G. Birukow.* In Vorbereitung. (973)

Das Tierreich
I: Einzeller, Protozoen von *E. Reichenow.* 115 Seiten. 59 Abbildungen. 1956. (444)
II: Schwämme und Hohltiere von *H. J. Hannemann.* 95 Seiten, 80 Abbildungen. 1956. (442)

III: **Würmer**. Platt-, Hohl-, Schnurwürmer, Kamptozoen, Ringelwürmer, Protracheaten, Bärtierchen, Zungenwürmer von *S. Jaeckel*. 114 Seiten, 36 Abbildungen. 1955. (439)
IV, 1: **Krebse** von *H. E. Gruner* und *K. Deckert*. 114 Seiten, 43 Abbildungen. 1956. (443)
IV, 2: **Spinnentiere** (Trilobitomorphen, Fühlerlose) **und Tausendfüßler** von *A. Kaestner*. 96 Seiten, 55 Abbildungen. 1955. (1161)
IV, 3: **Insekten** von *H. von Lengerken*. 2., verbesserte Auflage. 140 Seiten, 59 Abbildungen. 1966. (594)
V: **Weichtiere**. Urmollusken, Schnecken, Muscheln und Kopffüßer von *S. Jaeckel*. 92 Seiten. 34 Figuren. 1954. (440)
VI: **Stachelhäuter**. Tentakulaten, Binnenatmer und Pfeilwürmer von *S. Jaeckel*. 100 Seiten, 46 Abbildungen. 1955. (441)
VII, 1: **Manteltiere**, Schädellose, Rundmäuler von *Th. Haltenorth*. In Vorbereitung. (448)
VII, 2: **Fische** von *D. Lüdemann*. 130 Seiten, 65 Abbildungen. 1955. (356)
VII, 3: **Lurche** (Chordatiere) von *K. Herter*. 143 Seiten, 129 Abbildungen. 1955. (847)
VII, 4: **Kriechtiere** (Chordatiere) von *K. Herter*. 200 Seiten, 142 Abbildungen. 1960. (447/447 a)
VII, 5: **Vögel** (Chordatiere) von *H.-A. Freye*. 156 Seiten, 69 Figuren. 1960. (869)
VII, 6: **Säugetiere** (Chordatiere) von *Th. Haltenorth*. In Vorbereitung. (282)

Land- und Forstwirtschaft

Landwirtschaftliche Tierzucht. Die Züchtung und Haltung der landwirtschaftlichen Nutztiere von *H. Vogel*. 139 Seiten, 11 Abbildungen. 1952. (228)
Kulturtechnische Bodenverbesserungen von *O. Fauser*. 2 Bände. 5., verbesserte und vermehrte Auflage.
I: **Allgemeines, Entwässerung**. 127 Seiten, 49 Abbildungen. 1959. (691)
II: **Bewässerung, Ödlandkultur, Flurbereinigung**. 159 Seiten, 71 Abbildungen. 1961. (692)
Agrikulturchemie von *K. Scharrer*. 2 Bände.
I: **Pflanzenernährung**. 143 Seiten. 1953. (329)
II: **Futtermittelkunde**. 192 Seiten. 1956. (330/330 a)

Geologie, Mineralogie, Kristallographie

Geologie von *F. Lotze*. 3., verbesserte Auflage. 179 Seiten, 80 Abbildungen. 1965. (13/13 a)
Mineral- und Erzlagerstättenkunde von *H. Huttenlocher †*. 2 Bände. 2., neubearbeitete Auflage von *P. Ramdohr*.
I: 137 Seiten, 40 Abbildungen, 2 Tabellen. 1965. (1014/1014 a)
II: 135 Seiten, 41 Abbildungen. 1965. (1015/1015 a)

Allgemeine Mineralogie. 11., erweiterte Auflage der „Mineralogie" von *R. Brauns †*, neubearbeitet von *K. F. Chudoba*. 152 Seiten, 143 Textfiguren, 1 Tafel, 3 Tabellen. 1963. (29/29a)

Spezielle Mineralogie. 11., erweiterte Auflage der „Mineralogie" von *R. Brauns †*, bearbeitet von *K. F. Chudoba*. 193 Seiten, 127 Textfiguren, 6 Tabellen. 1964. (31/31a)

Petrographie (Gesteinskunde) von *W. Bruhns †*. Neubearbeitet von *P. Ramdohr* 6., erweiterte Auflage. Etwa 141 Seiten, 21 Figuren. 1966. (173)

Kristallchemie von *J. Zemann*. Etwa 160 Seiten, 90 Abbildungen. 1966. (1220/1220a)

Kristallographie von *W. Bruhns †*. 6. Auflage, neubearbeitet von *P. Ramdohr*. 115 Seiten, 164 Abbildungen. 1965. (210)

Einführung in die Kristalloptik von *E. Buchwald*. 5., verbesserte Auflage. 128 Seiten, 117 Figuren. 1963. (619/619a)

Lötrohrprobierkunde. Mineraldiagnose mit Lötrohr und Tüpfelreaktion von *M. Henglein*. 4., durchgesehene und erweiterte Auflage. 108 Seiten, 12 Figuren. 1962. (483)

Technik

Graphische Darstellung in Wissenschaft und Technik von *M. Pirani*. 3., erweiterte Auflage bearbeitet von *J. Fischer* unter Benutzung der von *I. Runge* besorgten 2. Auflage. 216 Seiten, 104 Abbildungen. 1957. (728/728a)

Technische Tabellen und Formeln von *W. Müller*. 5., verbesserte und erweiterte Auflage von *E. Schulze*. 165 Seiten, 114 Abbildungen, 99 Tafeln. 1962. (579)

Einführung in die Arbeitswissenschaft von *H. H. Hilf*. 164 Seiten, 57 Abbildungen. 1964. (1212/1212a)

Grundlagen der Straßenverkehrstechnik. Theorie der Leistungsfähigkeit von *E. Engel*. 101 Seiten, 55 Abbildungen. 1962. (1198)

Elektrotechnik

Grundlagen der allgemeinen Elektrotechnik von *O. Mohr*. 3. Auflage. 260 Seiten, 136 Bilder, 14 Tafeln. 1965. (196/196a)

Die Gleichstrommaschine von *K. Humburg*. 2 Bände. 2., durchgesehene Auflage.
I: 102 Seiten, 59 Abbildungen. 1956. (257)
II: 101 Seiten, 38 Abbildungen. 1956. (881)

Die Synchronmaschine von *W. Putz*. 92 Seiten, 64 Bilder. 1962. (1146)

Induktionsmaschinen von *F. Unger*. 2., erweiterte Auflage. 142 Seiten, 49 Abbildungen. 1954. (1140)

Die komplexe Berechnung von Wechselstromschaltungen von *H. H. Meinke*. 3., neubearb. Aufl. 185 S., 126 Abb. 1965. (1156/1156a)

Theoretische Grundlagen zur Berechnung der Schaltgeräte von *F. Kesselring*. 4. Auflage. In Vorbereitung. (711)

Einführung in die Technik selbsttätiger Regelungen von *W. zur Megede*. 3., durchgesehene Aufl. 180 S., 86 Abb. 1966. In Vorb. (714/714a)

Elektromotorische Antriebe (Grundlagen für die Berechnung) von *A. Schwaiger*. 4., neubearbeitete Auflage. In Vorbereitung. (827)

Überspannungen und Überspannungsschutz von *G. Frühauf*. Durchgesehener Neudruck. 122 Seiten, 98 Abbildungen. 1950. (1132)

Elektrische Höchstspannungs-Schaltanlagen. Für Freiluft und Innenanordnung von *G. Meiners* und *K.-H. Wiesenewsky*. 138 Seiten, 58 Abbildungen. 1964. (796/796a)

Transformatoren von *W. Schäfer*. 4., überarbeitete und ergänzte Auflage. 130 Seiten, 73 Abbildungen. 1962. (952)

Maschinenbau

Thermische Verfahrenstechnik von *H. Bock*. 3 Bände.
I: Eigenschaften und Verhalten der realen Stoffe. 164 Seiten, 28 Abbildungen. 1963. (1209/1209a)
II: Funktion und Berechnung der elementaren Geräte. 195 Seiten, 54 Abbildungen. 1964. (1210/1210a)
III: Fließbilder, ihre Funktion und ihr Zusammenbau aus Geräten. 224 Seiten, 67 Abbildungen. 1965. (1211/1211a)

Technische Thermodynamik von *U. Grigull*. Mit 74 Abbildungen, 7 Tabellen. 1966. In Vorbereitung (1084/1084a)

Metallkunde von *H. Borchers.* 3 Bände.
I: Aufbau der Metalle und Legierungen. 6. Auflage. 120 Seiten, 90 Abbildungen, 2 Tabellen. 1964. (432)
II: Eigenschaften, Grundzüge der Form- und Zustandsgebung. 5., ergänzte und durchgesehene Auflage. 182 Seiten, 107 Abbildungen, 10 Tabellen. 1963. (433/433a)
III: Die metallkundlichen Untersuchungsmethoden von *E. Hanke.* In Vorbereitung (434)

Die Werkstoffe des Maschinenbaues von *A. Thum †* und *C. M. v. Meysenbug.* 2 Bände.
I: Einführung in die Werkstoffprüfung. 2., neubearbeitete Auflage. 100 Seiten, 7 Tabellen, 56 Abbildungen. 1956. (476)
II: Die Konstruktionswerkstoffe. 132 Seiten, 40 Abbildungen. 1959. (936)

Dynamik von *W. Müller.* 2 Bände. 2., verbesserte Auflage.
I: Dynamik des Einzelkörpers. 128 Seiten, 48 Figuren. 1952. (902)
II: Systeme von starren Körpern. 102 Seiten, 41 Figuren. 1952. (903)

Technische Schwingungslehre von *L. Zipperer.* 2 Bände. 2., neubearbeitete Auflage.
I: Allgemeine Schwingungsgleichungen, einfache Schwinger. 120 Seiten, 101 Abbildungen. 1953. (953)
II: Torsionsschwingungen in Maschinenanlagen. 102 Seiten, 59 Abbildungen. 1955. (961/961a)

Werkzeugmaschinen für Metallbearbeitung von *K. P. Matthes.* 2 Bände.
I: 100 Seiten, 27 Abbildungen, 11 Zahlentafeln, 1 Tafelanhang. 1954. (561)
II: Fertigungstechnische Grundlagen der neuzeitlichen Metallbearbeitung. 101 Seiten, 30 Abbildungen, 5 Tafeln. 1955. (562)

Das Maschinenzeichnen mit Einführung in das Konstruieren von *W. Tochtermann.* 2 Bände. 4. Auflage.
I: Das Maschinenzeichnen. 156 Seiten, 75 Tafeln. 1950. (589)
II: Ausgeführte Konstruktionsbeispiele. 130 Seiten, 58 Tafeln. 1950. (590)

Die Maschinenelemente von *E. A. vom Ende †.* 4., überarbeitete Auflage. 184 Seiten, 179 Figuren, 11 Tafeln. 1963. (3/3a)

Die Maschinen der Eisenhüttenwerke von *L. Engel.* 156 Seiten, 95 Abbildungen. 1957. (583/583a)

Walzwerke von *H. Sedlaczek †* unter Mitarbeit von *F. Fischer* und *M. Buch.* 232 Seiten, 157 Abbildungen. 1958. (580/580a)

Getriebelehre von *P. Grodzinski †.* 2 Bände. 3., neubearbeitete Auflage von *G. Lechner.*
I: Geometrische Grundlagen. 164 S., 131 Fig. 1960. (1061)
II: Angewandte Getriebelehre. In Vorbereitung. (1062)

Kinematik von *H. R. Müller.* 171 Seiten, 75 Figuren. 1963. (584/584a)

Gießereitechnik von *H. Jungbluth.* 2 Bände.
I: Eisengießerei. 126 Seiten, 44 Abbildungen. 1951. (1159)

Die Dampfkessel einschließlich Feuerungen und Hilfseinrichtungen. Physikalische und chemische Grundlagen, Berechnung und Konstruktion, Vorschriften und Beispiele von *W. Marcard*. 3., neubearbeitete Auflage von *G. Beyer*. 2 Bände.
I: Physikalische und chemische Grundlagen, Wärmelehre, Wärmeübertragung, Verbrennung. 133 Seiten, 35 Bilder, 26 Tabellen. 1964. (9/9a)
II: Berechnung und Konstruktion, Dampfkessel, Hilfseinrichtungen. Feuerungen, Berechnungen. Etwa 120 Seiten, 45 Bilder. 1966. (521/521a)

Die Dampfturbinen. Ihre Wirkungsweise, Berechnung und Konstruktion von *C. Zietemann*. 3 Bände.
I: Theorie der Dampfturbinen. 4. Auflage. 139 Seiten, 48 Abbildungen. 1966. In Vorbereitung. (274)
II: Die Berechnung der Dampfturbinen und die Konstruktion der Einzelteile. 4., verbesserte Auflage. 132 Seiten, 111 Abbildungen. 1966. In Vorbereitung. (715)
III: Die Regelung der Dampfturbinen, die Bauarten, Turbinen für Sonderzwecke, Kondensationsanlagen. 3., verbesserte Auflage. 126 Seiten, 90 Abbildungen. 1956. (716)

Verbrennungsmotoren von *W. Endres*. 3 Bände.
I: Überblick. Motor-Brennstoffe. Verbrennung im Motor allgemein, im Otto- und Diesel-Motor. 153 Seiten, 57 Abbildungen. 1958. (1076, 1076a)
II: Gaswechselvorgang. Aufladen. Leistung, mittl. Druck, Reibung. Wirkungsgrade und Kraftstoffverbrauch. Etwa 170 Seiten, 61 Abbildungen. 1966. (1184/1184a)
III: Die Einzelteile des Verbrennungsmotors. In Vorbereitung. (1185/1185a)

Autogenes Schweißen und Schneiden von *H. Niese*. 5. Auflage, neubearbeitet von *A. Küchler*. 136 Seiten, 71 Figuren. 1953. (499)

Die elektrischen Schweißverfahren von *H. Niese*. 2. Auflage, neubearbeitet von *H. Dienst*. 136 Seiten, 58 Abbildungen. 1955. (1020)

Die Hebezeuge. Entwurf von Winden und Kranen von *G. Tafel*. 2., verbesserte Auflage. 176 Seiten, 230 Figuren. 1954. (414/414a)

Vermessungswesen

Vermessungskunde von *W. Großmann*. 3 Bände.
I: Stückvermessung und Nivellieren. 12., verbesserte Auflage. 156 Seiten, 122 Figuren. 1965. (468)
II: Horizontalaufnahmen und ebene Rechnungen. 9., verbesserte Auflage. 136 Seiten, 101 Figuren. 1963. (469)
III: Trigonometrische und barometrische Höhenmessung. Tachymetrie und Absteckungen. 8., verbesserte Auflage. 140 Seiten, 102 Figuren. 1965. (862)

Kartographie von *V. Heissler*. 2. Auflage. 213 Seiten, 125 Abb., 8 Anlagen. 1966. (30/30a)

Photogrammetrie von *G. Lehmann*. 2., verbesserte und erweiterte Auflage. 205 Seiten, 136 Abbildungen. 1966. (1188/1188a)

Wasserbau

Wasserkraftanlagen von *A. Ludin* unter Mitarbeit von *W. Borkenstein*. 2 Bände.
I: Planung, Grundlagen und Grundzüge. 124 Seiten, 60 Abbildungen. 1955. (665)
II: Anordnung und Ausbildung der Hauptbauwerke. 184 Seiten, 91 Abbildungen. 1958. (666/666a)

Verkehrswasserbau von *H. Dehnert*. 3 Bände.
I: Entwurfsgrundlagen, Flußregelungen. 103 Seiten, 53 Abbildungen. 1950. (585)
II: Flußkanalisierung und Schiffahrtskanäle. 94 Seiten, 60 Abbildungen. 1950. (597)
III: Schleusen und Hebewerke. 98 Seiten, 70 Abbildungen. 1950. (1152)

Wehr- und Stauanlagen von *H. Dehnert*. 134 Seiten, 90 Abbildungen. 1952. (965)

Talsperren von *F. Tölke*. 122 Seiten, 70 Abbildungen. 1953. (1044)

Hoch- und Tiefbau

Die wichtigsten Baustoffe des Hoch- und Tiefbaus von *O. Graf †*. 4., verbesserte Auflage. 131 Seiten, 63 Abbildungen. 1953. (984)

Baustoffverarbeitung und Baustellenprüfung des Betons von *A. Kleinlogel*. 2., neubearbeitete und erweiterte Auflage. 126 Seiten, 35 Abbildungen. 1951. (978)

Festigkeitslehre. 2 Bände.
I: Elastizität, Plastizität und Festigkeit der Baustoffe und Bauteile von *W. Gehler †* und *W. Herberg*. Durchgesehener und erweiterter Neudruck. 159 Seiten, 118 Abbildungen. 1952. (1144)
II: Formänderung, Platten, Stabilität und Bruchhypothesen von *W. Herberg* und *N. Dimitrov*. 187 Seiten, 94 Abbildungen. 1955. (1145/1145a)

Grundlagen des Stahlbetonbaues von *A. Troche*. 2., neubearbeitete und erweiterte Auflage. 208 Seiten, 75 Abbildungen, 17 Bemessungstafeln, 20 Rechenbeispiele. 1953. (1078)

Statik der Baukonstruktionen von *A. Teichmann*. 3 Bände.
I: Grundlagen. 101 Seiten, 51 Abbildungen, 8 Formeltafeln. 1956. (119)
II: Statisch bestimmte Stabwerke. 107 Seiten, 52 Abbildungen, 7 Tafeln. 1957. (120)
III: Statisch unbestimmte Systeme. 112 Seiten, 34 Abbildungen, 7 Formeltafeln. 1958. (122)

Fenster, Türen, Tore aus Holz und Metall. Eine Anleitung zu ihrer guten Gestaltung, wirtschaftlichen Bemessung und handwerksgerechten Konstruktion von *W. Wickop †*. 5. Auflage geplant. (1092)

Heizung und Lüftung von *W. Körting*. 2 Bände. 9., neubearbeitete Auflage.
I: Das Wesen und die Berechnung der Heizungs- und Lüftungsanlagen. 171 Seiten, 29 Abbildungen, 36 Zahlentafeln. 1962. (342/342a)
II: Die Ausführung der Heizungs- und Lüftungsanlagen. 1966. In Vorbereitung. (343)

Industrielle Kraft- und Wärmewirtschaft von *F. A. F. Schmidt* und *A. Beckers*. 167 Seiten, 73 Abbildungen. 1957. (318/318a)

Sammlung Göschen / Bandnummernfolge

99 Hessenberg-Kneser, Ebene und sphär. Trigonometrie
101 v. Wiese, Soziologie
103 Dahrendorf, Industrie- und Betriebssoziologie
*104/104a Hofstätter, Sozialpsychologie
111 Hoffmann-Debrunner, Gesch. der griechischen Sprache I
114 Debrunner, Gesch. der griechischen Sprache II
117 Brandenstein, Griechische Sprachwissenschaft I
118/118a Brandenstein, Griechische Sprachwissenschaft II
119 Teichmann, Statik der Baukonstruktionen I
120 Teichmann, Statik der Baukonstruktionen II
122 Teichmann, Statik der Baukonstruktionen III
128/128a Lausberg, Romanische Sprachwissenschaft I
136 Mahler-Graewe, Physikal. Formelsammlung
141 Geitler, Morphologie der Pflanzen
142 Haack, Darst. Geometrie I
143 Haack, Darst. Geometrie II
144 Haack, Darst. Geometrie III
145/145a Weimer, Gesch. der Pädagogik
148 Kolms, Finanzwissenschaft I
156/156a Landmann, Philosophische Anthropologie
170 Oehlmann, Musik des 19. Jhs.
171/171a Oehlmann, Musik des 20. Jhs.
173 Bruhns-Ramdohr, Petrographie
174 Schlingloff, Religion des Buddhismus I
180 Böhm, Versicherungsmathematik I
184 Blümcke, Textilindustrie I
196/196a Mohr, Grundlagen der allgem. Elektrotechnik
200/200a Gottschald, Dt. Rechtschreibungswörterbuch
210 Bruhns-Ramdohr, Kristallographie
220/220a Moser, Allg. Musiklehre
221/221a Jander-Jahr-Knoll, Maßanalyse
222 Hassak-Beutel-Kutzelnigg, Warenkunde I
223 Hassak-Beutel-Kutzelnigg, Warenkunde II
226/226a Hofmann, Gesch. der Mathematik I
228 Vogel, Landw. Tierzucht
231/231a Ehrlich, Gesch. Israels
238 Krahe, Germ. Sprachwiss. I
243 Mahler-Graewe, Physikal. Aufgabensammlung
247/247a Hofmann-Jander, Qualitative Analyse
250 Lausberg, Romanische Sprachwissenschaft II
252 Vetter, Elektrochemie I
253 Vetter, Elektrochemie II
257 Humburg, Gleichstrommaschine I
264 Lockemann, Gesch. der Chemie I
265/265a Lockemann, Geschichte der Chemie II
270 Kirn, Einführung in die Geschichtswissenschaft
274 Zietemann, Dampfturbinen I
279 Jacob-Hohenleutner, Quellenkunde der deutschen Geschichte I
280 Jacob-Hohenleutner, Quellenkunde der deutschen Geschichte II
281 Leisegang, Einführung in die Philosophie
282 Haltenorth, Säugetiere
284 Jacob-Weden, Quellenkunde der deutschen Geschichte III
318/318a Schmidt-Beckers, Industrielle Kraft- u. Wärmewirtschaft
319 Krug, Australien und Ozeanien
329 Scharrer, Agrikulturchemie I
330/330a Scharrer, Agrikulturchemie II
335 Klug, Fette und Öle
336 Braun-Klug, Seifenfabrikation
342/342a Körting, Heizung und Lüftung I

343 Körting, Heizung und Lüftung II
344 Moser, Musikästhetik
354/354a Valentiner-König, Vektoren und Matrizen
355 Neger-Münch-Huber, Nadelhölzer
356 Lüdemann, Fische
374 Döring, Einf. i.d.th. Physik IV
375 Preller, Geschichte Englands I
389/389a Diels-Mattick, Pflanzengeographie
391 Kolms, Finanzwissenschaft II
394/394a Schilling, Von der Renaissance bis Kant
414/414a Tafel, Hebezeuge
422 Gottschald, Dt. Personennamen
423 Adler-Erlebach, Fünfstellige Logarithmen
432 Borchers, Metallkunde I
433/433a Borchers, Metallkunde II
434 Borchers-Hanke, Metallkunde III
435 Burau, Algebr. Kurven u. Flächen I
436/436a Burau, Algebr. Kurven und Flächen II
439 Jaeckel, Würmer
440 Jaeckel, Weichtiere
441 Jaeckel, Stachelhäuter
442 Hannemann, Schwämme und Hohltiere
443 Gruner-Deckert, Krebse
444 Reichenow Einzeller
445 Asmus, Physikal.-chem. Rechenaufgaben
447/447a Herter, Kriechtiere
448 Haltenorth, Manteltiere
452 Bahrdt-Scheer, Stöchiometrische Aufgabensammlung
468 Großmann, Vermessungskunde I
469 Großmann, Vermessungskunde II
476 Thum-Meysenbug, Die Werkstoffe des Maschinenbaues I
483 Henglein, Lötrohrprobierkunde
492/492a Stolz-Debrunner-Schmid Geschichte der lateinischen Sprache
499 Niese-Küchler, Autogenes Schweißen
500 Simmel, Hauptprobleme der Philosophie
521/521a Marcard-Beyer, Dampfkessel II
536 Lehmann, Kant
538 Rumpf, Archäologie I
539 Rumpf, Archäologie II
540 Rumpf, Archäologie III
557 Nestle-Liebich, Gesch. der griech. Literatur II
561 Matthes, Werkzeugmaschinen I
562 Matthes, Werkzeugmaschinen II
564 Behn-Hoernes, Kultur der Urzeit I
565 Behn-Hoernes, Kultur der Urzeit II
566 Behn-Hoernes, Kultur der Urzeit III
571 Lehmann, Philosophie des 19. Jahrhunderts I
576/576a Moser, Gesangskunst
579 Müller-Schulze, Techn. Tabellen
580/580a Sedlaczek-Fischer-Buch, Walzwerke
583/583a Engel, Maschinen der Eisenhüttenwerke
584/584a Müller, Kinematik
585 Dehnert, Verkehrswasserbau I
587 Kalitsunakis-Steinmetz, Neugriech.-dt. Gesprächsbuch
589 Tochtermann, Maschinenzeichnen I
590 Tochtermann, Maschinenzeichnen II
594 v. Lengerken, Insekten
597 Dehnert, Verkehrswasserbau II
601 Mutschmann-Scherer, Engl. Phonetik
608/608a/608b Erman-Krückmann, Hieroglyphen
619/619a Buchwald, Kristalloptik
665 Ludin-Borkenstein, Wasserkraftanlagen I
666/666a Ludin-Borkenstein, Wasserkraftanlagen II

668 Knopp, Funktionentheorie I
677 Altheim, Röm. Geschichte II
679 Altheim, Röm. Geschichte III
684 Altheim. Röm. Geschichte IV
691 Fauser, Kulturtechn. Bodenverbesserungen I
692 Fauser, Kulturtechn. Bodenverbesserungen II
698/698a Schulze Allgemeine u. physikalische Chemie II
703 Knopp, Funktionentheorie II
708/708a/708b Meissner-Oberhuber, Keilschrift
709 Lehmann, Philosophie des 19 Jahrhunderts II
711 Kesselring, Berechnung der Schaltgeräte
714/714a zur Megede, Technik selbsttätiger Regelungen
715 Zietemann, Dampfturbinen II
716 Zietemann, Dampfturbinen III
718 Neger-Münch-Huber, Laubhölzer
728/728a Pirani-Fischer-Runge, Graph. Darstellung in Wissenschaft u. Technik
735 Ekwall, Historische neuengl. Laut- und Formenlehre
746/746a Pfanzagl, Allg. Methodenlehre der Statistik I
747/747a Pfanzagl, Allg. Methodenlehre der Statistik II
756/756a Kalitsunakis, Gramm. d. Neugriech. Volksspr.
763/763a/763b Meyer, Hebräische Grammatik I
764/764a/764b Meyer, Hebräische Grammatik II
765/765a/765b Meyer, Hebräische Grammatik III
768/768a Bieberbach, Einführung in die konforme Abbildung
769/769a Beer-Meyer, Hebräisches Textbuch
770 Schlingloff, Religion des Buddhismus II
776 Kolms, Finanzwissensch. III
780 Krahe, Germ. Sprachwiss. II
781 Weigert. Stilkunde II
782/782a Kolms, Finanzwissenschaft IV
786 Schulze, Molekülbau
796/796a Meiners-Wiesenewsky, Elektr. Höchstspannungs-Schaltanlagen
807 Kropp, Erkenntnistheorie
809 Moser Harmonielehre I
810 Moser Harmonielehre II
826 Koch, Philosophie d. Mittelalters
827 Schwaiger, Elektromotorische Antriebe
831 Erismann, Allg. Psychologie I
832/832a Erismann, Allg. Psychologie II
833 Erismann, Allg. Psychologie III
834/834a Erismann, Allg. Psychologie IV
837/837a Baumgartner, Gruppentheorie
845 Lehmann, Philosophie im ersten Drittel des 20. Jhs. I
847 Herter, Lurche
850 Lehmann, Philosophie im ersten Drittel des 20 Jhs. II
851/851a Moede, Psychologie des Berufs- und Wirtschaftslebens
857 Capelle, Griech. Philosophie I
858 Capelle, Griech. Philos. II
859 Capelle, Griech. Philos. III
862 Großmann, Vermessungskunde III
863 Capelle, Griech. Philos. IV
866 Bieler, Röm. Literaturgeschichte II
869 Freye, Vögel
875 Hofmann, Geschichte der Mathematik II
877 Knopp, Aufgabensammlung zur Funktionentheorie I
878 Knopp, Aufgabensammlung zur Funktionentheorie II
881 Humburg, Gleichstrommaschine II
882 Hofmann, Geschichte der Mathematik III
883 Stuloff, Mathematik der neuesten Zeit

893 Treue, Dt. Geschichte von 1806—1890
894 Treue, Dt. Geschichte von 1890 bis zur Gegenwart
902 Müller, Dynamik I
903 Müller, Dynamik II
910 Jaeger, Afrika I
911 Jaeger, Afrika II
915 Sperber-v. Polenz, Gesch. der Deutschen Sprache
917/917a Böhm, Versicherungsmathematik II
920/920a Hoheisel, Gewöhnliche Differentialgleichungen
921 Jantzen-Kolb, W. v. Eschenbach. Parzival
924/924a Brandenstein, Griechische Sprachwissenschaft III
929 Schirmer-Mitzka, Dt. Wortkunde
930 Krull, Elementare und klassische Algebra I
931 Hasse, Höhere Algebra I
932 Hasse, Höhere Algebra II
933 Krull, Elementare und klassische Algebra II
936 Thum-Meysenbug, Werkstoffe d. Maschinenbaues II
942/942a Damerau, Polnische Grammatik
952 Schäfer, Transformatoren
953 Zipperer, Techn. Schwingungslehre I
961/961a Zipperer, Techn. Schwingungslehre II
965 Dehnert, Wehr- und Stauanlagen
970/970a Baldus-Löbell, Nichteuklidische Geometrie
972/972a Herter-Urich, Vergleichende Physiologie der Tiere I
973 Herter-Birukow, Vergleichende Physiologie der Tiere II
978 Kleinlogel, Baustoffverarbeitung und Baustellenprüfung d. Betons
984 Graf, Baustoffe des Hoch- und Tiefbaues
999/999a Kamke, Mengenlehre
1000 Jaspers, Geistige Situat. der Zeit
1003 Hoheisel, Partielle Differentialgleichung
1008/1008a Mellerowicz, Allgem. Betriebswirtschaftslehre I
1009 Bechert-Gerthsen-Flammersfeld, Atomphysik I
1014/1014a Huttenlocher-Ramdohr, Mineral- und Erzlagerstättenkunde I
1015/1015a Huttenlocher-Ramdohr, Mineral- u. Erzlagerstättenkunde II
1017 Döring, Einf. i. d. th. Physik V
1020 Niese-Dienst, Elektrische Schweißverfahren
1031/1031a Apel-Ludz, Philosophisches Wörterbuch
1033 Bechert-Gerthsen-Flammersfeld, Atomphysik II
1034 Kranefeldt-Jung, Therapeutische Psychologie
1035 Altheim, Röm. Religionsgeschichte I
1039 Dovifat, Zeitungslehre I
1040 Dovifat, Zeitungslehre II
1044 Tölke, Talsperren
1045 Schubert, Technik des Klavierspiels
1051/1051a Stolberg-Wernigerode, Gesch. d. Vereinigten Staaten
1052 Altheim, Röm. Religionsgeschichte II
1059/1059a Hoheisel, Aufgabenslg. z. d. gew. u. part. Differentialgleichungen
1061 Grodzinski-Lechner, Getriebelehre I
1062 Grodzinski-Lechner, Getriebelehre II
1065 Haller-Dannenbauer, Von d. Karolingern zu den Staufern
1070 Sauter, Differentialgleichungen der Physik
1074 Koschmieder, Variationsrechnung I
1075 Koschmieder, Variationsrechnung II
1076/1076a Endres, Verbrennungsmotoren I

1077 Haller-Dannenbauer, Von den Staufern zu den Habsburgern
1078 Troche, Stahlbetonbau
1082 Hasse-Klobe, Aufgabensammlung zur höheren Algebra
1084/1084a Grigull, Techn. Thermodynamik
1085 Lietzmann-Aland, Zeitrechnung
1086 Müller, Dt. Dichten und Denken
1088 Preller, Gesch. Englands II
1092 Wickop, Fenster, Türen, Tore
1094 Hernried, System, Modulation
1096 Viëtor, Dt. Dichten und Denken
1099 Hoheisel, Integralgleichungen
1105 Hartung, Dt. Geschichte im Zeitalter der Reformation
1108 de Boor-Wisniewski, Mittelhochdeutsche Grammatik
1109 Knopp, Elemente der Funktionentheorie
1111/1111a Naumann-Betz, Althochdt. Elementarbuch
1113/1113a Strubecker, Differentialgeometrie I
1114 Schubel, Engl. Literaturgeschichte I
1115/1115a Ranke-Hofmann, Altnord. Elementarbuch
1116 Schubel, Engl. Literaturgeschichte II
1117 Haller-Dannenbauer, Eintritt der Germanen in die Geschichte
1121 Naumann, Dt. Dichten u. Denken
1122 Feist, Sprechen und Sprachpflege
1123/1123a Bechert-Gerthsen-Flammersfeld, Atomphysik III
1124 Schubel, Engl. Literaturgeschichte III
1125 Lehnert, Altengl. Elementarbuch
1127 Hartmann, Geschlecht u. Geschlechtsbestimmung im Tier- und Pflanzenreich
1128 Buchner, Symbiose d. Tiere
1130 Dibelius-Kümmel, Jesus
1131 Scholz-Schoeneberg, Einführung in die Zahlentheorie
1132 Frühauf, Überspannungen
1134 Kuckuck, Pflanzenzüchtung I
1135 Lehnert, Beowulf
1137 Heil, Entwicklungsgesch. d. Pflanzenreiches
1138 Hämmerling, Fortpflanzung im Tier- und Pflanzenreich
1140 Unger, Induktionsmaschine
1141 Koller Hormone
1142 Meissner-Lehnert, Shakespeare
1144 Gehler-Herberg, Festigkeitslehre I
1145/1145a Herberg-Dimitrov, Festigkeitslehre II
1146 Putz, Synchronmaschine
1147 v. Waltershausen, Kunst d. Dirigierens
1148 Pepping, Der polyphone Satz I
1152 Dehnert, Verkehrswasserbau III
1153/1153a Mellerowicz, Allgem. Betriebswirtschaftslehre II
1154/1154a Mellerowicz, Allgem. Betriebswirtschaftslehre III
1155 Schwartz, Mikrobiologie I
1156/1156a Meinke, Komplexe Berechnungen v. Wechselstromschaltungen
1157 Schwartz, Mikrobiologie II
1158/1158a Mayrhofer, Sanskrit-Grammatik
1159 Jungbluth, Gießereitechnik I
1160 Dibelius-Kümmel, Paulus
1161 Kaestner, Spinnentiere
1162 Seidel, Entwicklungsphysiologie der Tiere I
1163 Seidel, Entwicklungsphysiologie der Tiere II
1164/1164a Pepping, Der polyphone Satz II

1165/1165a Bechert-Gerthsen-Flammersfeld Atomphysik IV
1169 Paulsen, Allgemeine Volkswirtschaftslehre I
1170 Paulsen, Allgemeine Volkswirtschaftslehre II
1171 Paulsen, Allgemeine Volkswirtschaftslehre III
1172 Paulsen, Allgemeine Volkswirtschaftslehre IV
1173/1173a Hamann-Funke-Hermann, Chemie der Kunststoffe
1176/1176a Lorenzen, Form. Logik
1178/1178a Kuckuck, Pflanzenzüchtung II
1179/1179a Strubecker Differentialgeometrie II
1180/1180a Strubecker. Differentialgeometrie III
1181 Franz, Topologie I
1182/1182a Franz, Topologie II
1183/1183a Nicolas, Finanzmathematik
1184/1184a Endres, Verbrennungsmotoren II
1185/1185a Endres, Verbrennungsmotoren III
1186/1186a Mellerowicz, Allgem. Betriebswirtschaftslehre IV
1187 Lau, Luther
1188/1188a Lehmann, Photogrammetrie
1189/1189a Päsler, Mechanik
1190 Stupperich. Melanchthon
1191/1191a Bräuer, Slav. Sprachwissenschaft I
1193 Fürstenberg, Wirtschaftssoziologie
1194 Wendt, Gesch. d. Volkswirtschaftslehre
1195 Ohm Allgem. Volkswirtschaftspolitik I
1196 Ohm, Allgem. Volkswirtschaftspolitik II
1197/1197a Onasch, Einf. in die Konfessionskunde der orthodoxen Kirchen
1198 Engel, Straßenverkehrstechnik
1199 Lausberg, Romanische Sprachwissenschaft III, 1. Teil
1200/1200a Lausberg, Romanische Sprachwissenschaft III, 2. Teil
1201/1201a Dehn, Versuche zur allgem. u. phys. Chemie
1202/1202a Nagel, Gesch. des christl. Gottesdienstes
1203 Wendland, Sozialethik
1204 Scheurig, Zeitgeschichte
1205/1205a Hofmann Ideengeschichte d. soz. Bewegung
1206/1206a Langen Lineare Programmierung
1208 Lausberg, Romanische Sprachwissenschaft IV
1209/1209a Bock, Therm. Verfahrenstechnik I
1210/1210a Bock. Therm. Verfahrenstechnik II
1211/1211a Bock, Therm. Verfahrenstechnik III
1212/1212a Hilf, Arbeitswissenschaft
1213/1213a Kosiol, Buchhaltung und Bilanz
1216/1216a Bauer, Wahrscheinlichkeitstheorie I
1217 Bauer, Wahrscheinlichkeitstheorie II
1218/1218a/1218b Meid, Germ. Sprachwiss. III
1219 Schmidt-Clausing, Zwingli
1220/1220a Zemann, Kristallchemie
1221 Gerdes, Kierkegaard
1222 Tschiżewskij, Slav. Literaturen I
1223 Tschiżewskij, Slav. Literaturen II

Autorenregister

Printed in Germany 150. II. 66

FSC
www.fsc.org
MIX
Papier | Fördert
gute Waldnutzung
FSC® C083411

Kolibri 360 GmbH
Ferdinand-Jühlke-Straße 7
99095 Erfurt, Deutschland
produktsicherheit@kolibri360.de